U0135035

The Secret Life of Amphibian

THE SECRET LIFE
OF AMPHIBIAN

施信鋒◎著

兩棲特攻隊

兩棲特攻隊 contents

THE SECRET LIFE OF AMPHIBIAN

Chapter 7
台灣兩棲特攻隊

兩棲初登場

蛙從那裡來？

談到青蛙，大家第一個想到的就是牠們是兩棲類，可以水生也可以陸生，平常喜歡棲息在有水的環境，以上的觀念大致上都還算正確，只是可能有部分的人會以為烏龜、鱷魚等類的生物也是兩棲類，因為牠們也是陸水生兩棲，如果到今天為止您還是這麼認為的話，那麼請繼續往下看就對了！

其實兩棲類（兩生綱）在生物分類上是有以下不可或缺的特徵：

◎幼體用鰓來呼吸，而且生活在水中。
青蛙的幼體就是蝌蚪，所以蝌蚪生活在水裡應該是毫無疑問的事，不過有趣的是青蛙蛋為了避免被捕食或者其他原因，部分種類會產卵於陸地上或者有特殊的保護形式，不過最終蝌蚪還是必須在水裡生活。

◎用肺及皮膚呼吸，成體生活在陸地。
蝌蚪變成青蛙有一個很重要的階段，就是呼吸器官的轉換，成體登陸之後，鰓就無法做氣體交換的動作，所以會放棄鰓的構造，改成利用肺跟皮膚來呼吸，不過因為肺的發展不完全，皮膚的呼吸效率遠高於肺的呼吸效率，有些種類甚至會用口腔內膜來呼吸，例如在婆羅洲甚至還有無肺的兩棲類，單純只靠皮膚來呼吸，這也是兩棲類為什麼身上的皮膚始終需要保持濕潤的原因，因為這樣有助於氣體的交換。

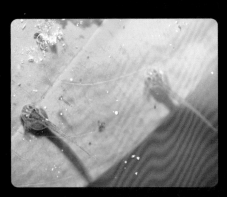

蝌蚪有短暫的外鰓期，不過很快的就會消失，取而代之的是完整的內鰓構造。

青蛙的卵外面只有一層膠質膜保護著，所以無法防止水分的蒸散，必須直接產在水中或潮濕的地方，以避免胚胎乾掉。

◎卵沒有硬殼，只有一層膠質薄膜。

粉圓之所以會被稱為「青蛙下蛋」，就是因為外形真的和青蛙蛋相當類似，一個小小的卵，外層裹著膠質保護，不過因為缺乏堅硬防水的硬殼，所以大部分的蛙卵必須直接產在水裡，少部分則是產在潮濕的地方。

◎皮膚角質化不完全，不防水。

兩棲類算是生物登陸的過渡物種，在演化上不算先進，所以皮膚的角質化並不完全，而且幾乎可以說是沒有，也因為沒有角質化的關係，身體的皮膚並不防水，體內水分的蒸散也比一般生物快了許多，所以兩棲類還是不能脫離潮濕陰暗的環境生活

，甚至幾乎長時間都待在水裡或者潮濕的石塊土壤底下，如果長期處在乾燥的環境或者曝曬在太陽底下，可能會導致脫水甚至死亡。

目前已知的兩棲類已經超過6000種，而在兩棲類底下，其實還分成三個大類，第一個就是有尾目，特徵是有四肢有尾巴，就是我們俗稱的娃娃魚或者山椒魚皆屬於此類，目前數量大約有600種，第二個是無尾目，就是我們常見的青蛙與蟾蜍，特徵是有四肢但沒有尾巴，目前數量大約有5500種以上，第三個則是無足目，無四肢但有尾巴，是只產於熱帶地區的蚓螈，數量大約200種上下。

青蛙除了肺呼吸之外，還必須靠皮膚來呼吸，而皮膚呼吸最有效率的地方就是牠們的口腔內膜，所以常常看到青蛙下巴抬得高高的，咽喉下方有類似心臟的律動。

由於缺乏角質化的皮膚，所以大部分的蛙類幾乎都不能脫離水邊的生活，只有少數能離開水域附近較遠的地方生存。

無尾目是兩棲類裡面種類最多的，數量幾乎佔了兩棲類總數的八成左右。

有尾目在台灣並不常見，只棲息在高山地區，數量非常的稀少，目前台灣已紀錄的種類有5種。

烏龜雖然是水陸兩生，不過因為幼生期沒有鰓，生的蛋也有硬殼包護，皮膚也有比較厚的角質層，所以是屬於爬蟲類。

世世代代的循環

大家對於兩棲類的認識，大多是從成蛙開始，成蛙會產卵，卵會孵化變成幼體，幼體再變態為成蛙，這看似簡單的過程，其中蘊含了許多大自然的奧秘，也有許多有趣且值得我們瞭解的地方。

每個生命的起源都是從一顆細胞開始，兩棲類當然也不例外，最初就是一顆小小的受精卵，外層有膠質膜包裹著，外觀看起來就像是我們常吃的粉圓一樣，胚胎會不斷的細胞分裂，長出尾巴、眼睛、心臟等等的器官，最後孵化成幼體，就是我們俗稱的蝌蚪（青蛙的幼體才稱為蝌蚪，其他的兩棲類則稱為幼體），蝌蚪會在水中生活一段時間，等到長出四肢，體內的器官也會開始轉換，這時候就準備要開始陸地上的生活了。

剛登陸的小蛙生活困難重重，不僅要躲避天敵的捕食，也要面臨找不到食物等重重危機，好不容易性成熟變為成蛙之後，這時候就要準備完成牠們的終身大事了。雄蛙要賣力鳴叫才能獲得雌蛙的青睞，雌蛙則要找尋適合的交配對象，等到配對成功生下的蛙卵，就完成牠們終其一生最重要的任務─傳宗接代。

傳宗接代是雄蛙最重要的任務，因此在下過雨的夜晚常聽見牠們賣力的鳴叫，想要博得雌蛙的青睞。

兩棲類生命的最初，都是從一個受精卵開始，然後不斷的進行細胞分裂，最後變成幼體。

剛孵化的蝌蚪，身體都還有些許透明，腹部的卵黃也還沒完全的消失，像極了一隻大肚魚。

青蛙的世界是雄雌比例懸殊，只有少數的雄蛙能夠爭取到交配的機會。

長出四肢的蝌蚪，就準備登上陸地，面臨更大的挑戰。

剛變態完成的小蛙，因為體型太小，移動速度也不快，所以常被捕食或者找不到合適的食物。

有時候會看到小蛙正在大發生，滿地跳來跳去，但過一陣子之後就會幾乎完全不見了，大部分的個體都被環境淘汰了。

小蛙在生存競爭上非常的弱勢，甚至過高的溫度都會殺死牠們，常常會在剛從水中登陸的時候，就被旁邊曝曬過太陽的石頭黏住，最後乾死。

同源不同宗
我是山椒魚

平常都棲息於高山地帶的水源附
近，對溫度敏感的牠們，棲地陰
涼潮濕是必要的條件。

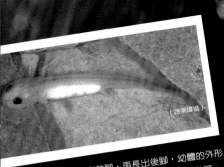
山椒魚的幼體，是先長出前腳，再長出後腳，幼體的外形跟成體沒有太大的差別，但可以看得出來有明顯的外鰓。

〔游崇瑋攝〕

長長的尾巴可以輕易與青蛙做區別，外形雖然類似爬蟲類，但潮濕不防水的皮膚是一大特徵。

山椒魚體側有明顯的肋間溝，蚯蚓沒有這個特徵。

山椒魚雖然名為魚，但並不是魚，平常也不是棲息在水中，而是喜歡躲在水源附近的石頭底下者潮濕的土壤。

在兩生綱底下，有一個我們其實熟悉但卻又有點陌生的家族，那就是有尾目，這一目的特色大概就是大部分的種類都有四肢，少部分種類會僅有前肢，而前後肢基本上大小也差不多，成幼體終生都有尾巴，除此之外，跟無尾目還有一個地方不一樣，那就是幼生期時會先長出前腳再長後腳，而且幼體都有明顯的外鰓。

在有尾目裡大概還可以細分成兩個族群，一類是台灣也有分布的山椒魚，另外一類則是大部分分布在北半球溫帶地區，台灣沒有分布，但鄰近的香港及日本皆有族群的蠑螈，蠑螈算是比較進化的有尾目，除了有較厚的不透水皮膚，可以在乾燥地區生活之外，生殖方式也不太一樣，雄體會先排出精子，然後雌體再將精子收入體內使卵受精，最後排出受精卵在水中孵化，所以雖然沒有真正的交配行為，但還算是體內受精的一種。

山椒魚的種類當中，比較廣為人知的其實就是叫聲類似嬰兒哭聲的中國大鯢(娃娃魚)，這也是有尾目中的代表性物種，因為牠的體型相當巨大，成體身長可達一公尺以上。不過台灣可以看到的山椒魚體型都很小，最大也不會超過15公分，分類上是屬於小鯢科，目前台灣已知的種類有5種，小鯢科多分布在溫帶地區，台灣是唯一的亞熱帶產地，也是分布的最南限，推測原因可能是冰河時期的子遺物種，所以在台灣要看到山椒魚，海拔通常都要在1300公尺以上，大部分是分布在2000公尺以上的高山，而且數量相當稀少，彌足珍貴。

暗夜精靈

台灣的兩棲類多樣性在世界上算是非常豐富的，一般來說只要環境不要太糟糕，或許住家社區的水池就能看到兩三種青蛙，生態環境較完整的濕地或者溪流，則可能會發現十種以上的蛙種，所以在台灣觀察青蛙是一件很幸福的事，因為這樣可愛的生物真的隨處可見。

台灣的兩生綱有兩個大家族，其中一個是前篇介紹過的有尾目，另一個則是較容易觀察到的無尾目，無尾目的特色就是成體有四肢，通常後肢較細長，主要用於跳躍，前肢較粗短，主要用於爬行或者壓住

蟾蜍的生殖還是脫離不了水當媒介，所以繁殖季會在水邊聚集產卵。

獵物，而幼體蝌蚪的尾巴變態為成體時會消失。

無尾目裡頭有兩類，就是我們熟悉的蟾蜍及青蛙，兩者在外形上大致相同，不過蟾蜍的皮膚角質化較多，可以降低水分蒸散的速度，因此生活環境可以距離水源較遠，平常在一般的郊山步道甚至公路邊都可以看到牠們。另外部分的蟾蜍有特化毒腺的構造，遇到危急時會分泌毒液來保護自己，而相較之下，青蛙的皮膚角質化並不明顯，反而光滑許多，平常都必須保持濕潤，有些種類甚至幾乎需要躲在水裡生活，不過雖然蟾蜍能夠離水較遠，但其生殖依然必須透過水來做為媒介。

台灣青蛙的分布海拔大致上跟山椒魚相反，從海邊到海拔1000公尺左右的區段，是青蛙多樣性最高的地方，超過1000公尺以上，青蛙的種類就急遽減少，2500公尺以上的地區，要看到青蛙就相當不容易了。

而蛙類棲息的區域也十分廣泛，一般來說只要有溪流、池塘、湖泊甚至是林道邊的積水處、市區的水溝裡，青蛙都有辦法生存。

青蛙雖然大多在水域附近生活，但必要時還是會回到水裡泡泡澡，以保持身體的濕潤。

青蛙對環境的敏感度很高，所以住家附近要是能見到青蛙，通常都代表著整體的環境不錯。

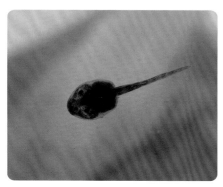

住家附近的水塘、溪流甚至是下雨後的暫時性水域，都有機會看到蝌蚪的身影，其實青蛙是隨處可見的。

中高海拔地區的蛙種急速減少，常見的只剩下梭德氏赤蛙、莫氏樹蛙、盤古蟾蜍等3種，圖中的梭德氏赤蛙是唯一可以登上海拔3000公尺的青蛙。

台灣有6種綠色型青蛙，從海邊到高山都有，所以晚上多留心注意這些夜間精靈，常常都有意外的驚喜。

公園或者校園水塘很容易找到的腹斑蛙，平常也不太怕人，可以就近觀察。

黑眶蟾蜍幾乎廣布在公園及各大校園的草澤地，平常可以很輕易觀察到牠們。

山椒魚
外觀

體長
從吻端到泄殖腔的距離。

外觀
大不同

樹蛙
外觀

兩棲類的型態在各種類之間基本上差異不大，外觀輪廓大致完全相同，青蛙沒有尾巴、前肢短後肢長，以跳躍為主；山椒魚有尾巴、前後肢略等長，以爬行為主。

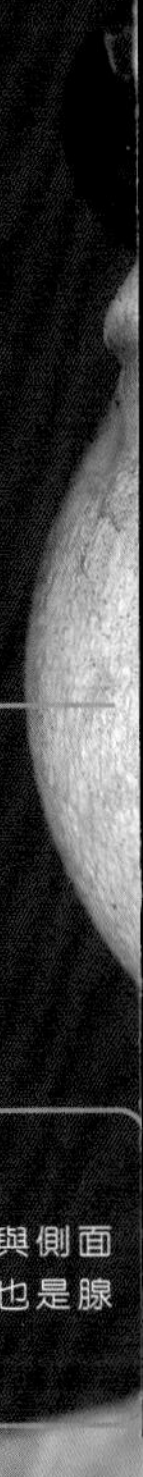

鳴囊
位於頷部下方或者兩側，只有雄蛙才有，是發出聲音的共鳴腔。

薦椎突起
背部後方拱起的部分。

赤蛙
外觀

吻端
上頷及眼部的前端，外形常是近似種辨別的特徵之一。

鼓膜
眼睛後下方的構造，外觀為圓形，是蛙類的聽覺器官，有些種類不明顯。

背側褶
背部兩側與側面交界處，也是腺體的一種。

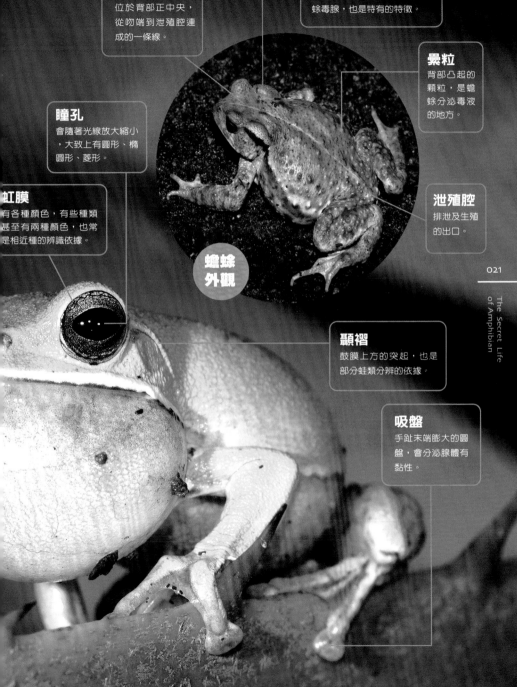

背中線
位於背部正中央，從吻端到泄殖腔連成的一條線。

耳後腺
眼後方的膠囊狀凸起，為蟾蜍毒腺，也是特有的特徵。

瘰粒
背部凸起的顆粒，是蟾蜍分泌毒液的地方。

瞳孔
會隨著光線放大縮小，大致上有圓形、橢圓形、菱形。

虹膜
有各種顏色，有些種類甚至有兩種顏色，也常是相近種的辨識依據。

蟾蜍外觀

泄殖腔
排泄及生殖的出口。

顳褶
鼓膜上方的突起，也是部分蛙類分辨的依據。

吸盤
手趾末端膨大的圓盤，會分泌腺體有黏性。

你在看我嗎？

我個人覺得兩棲類最迷人的地方，就是那一雙炯炯有神的迷人大眼睛，而這雙大眼不僅僅是可愛而已，更是兩棲類成功覓食的關鍵。

兩棲類的眼睛位於頭頂的兩側，在頭部的比例上算是相當大，而且眼球向外突出，所以牠們的視野很廣闊，連後方的物體都能看見。

不過眼睛雖然夠大、視野也廣，但卻是個大近視，只能看清物體大概的輪廓外形，細部的特徵一概看不清楚，所以牠們的世界沒有美醜之分，因為看起來都一樣，

因為手電筒的光線從右邊照射，所以右邊的瞳孔就開始縮小，導致兩邊的瞳孔大小不一樣。

而且對於不會動的東西識別能力很差，但對於會動的東西則十分敏感，另外眼睛的視網膜有感色用錐狀細胞，所以兩棲類是可以分辨顏色的。

夜間是兩棲類主要的活動時間，所以夜視能力就相對重要，眼睛的視網膜除了有感光用的桿狀細胞之外，還有特殊的綠色桿狀細胞來加強夜視的能力，因此兩棲類在夜晚其實是可以看得清清楚楚的，當天敵靠近時通常也能迅速逃脫。

蛙類的眼睛有一個很特殊的構造，即藏在眼睛下方的瞬膜，平常看不見，睡覺的時候上眼瞼會把眼睛往下壓，然後瞬膜會蓋住眼睛，讓眼睛保持濕潤，在水中的時候，瞬膜也會升起保護眼睛，成為了名副其實的蛙鏡，而平常有東西靠近青蛙眼睛時，牠們也會本能的升起瞬膜保護自己。

蛙眼的世界是多彩而繽紛的，除了瞳孔會放大縮小之外，還有各式各樣的形狀，如圓形、橢圓形、菱形等，虹膜的顏色也多彩多姿，光是台灣的種類，就可以看到白色、黃色、橘色、金色等色系，甚至還有些種類的虹膜同時有兩種顏色，真的讓人覺得很神奇。

青蛙雙眼，炯炯有神，不過牠們其實是個大弱視。

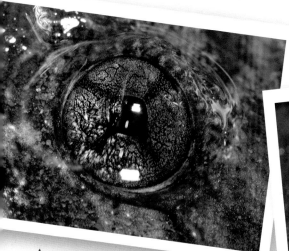

▲ 古氏赤蛙的菱形瞳孔，透過光線照射會呈現
紅色的反光，獨一無二。

▲ 翡翠樹蛙除了有金色的虹膜之外，還有金色的過
眼線，看起來就像戴了金絲眼鏡一樣。

▲ 白頷樹蛙的橢圓形
瞳孔，讓牠看起來
總是懶懶的。

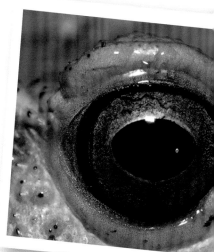

▲ 盤古蟾蜍的瞳孔是橢圓形的，虹膜是美麗的橘紅色

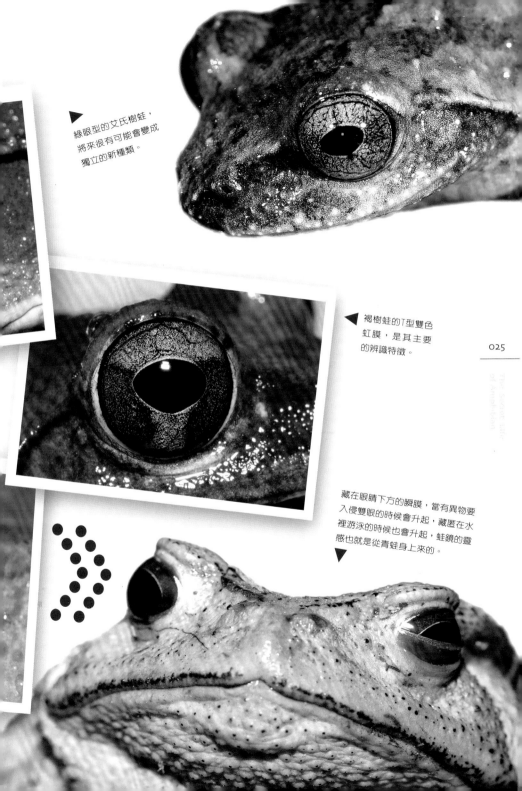

綠眼型的艾氏樹蛙，
將來很有可能會變成
獨立的新種類。

褐樹蛙的T型雙色
虹膜，是其主要
的辨識特徵。

藏在眼睛下方的瞬膜，當有異物要
入侵雙眼的時候會升起，藏匿在水
裡游泳的時候也會升起，蛙鏡的靈
感也就是從青蛙身上來的。

趾上談兵

兩棲類四肢的結構還算是比較原始，所以無法快速的步行，其中山椒魚的四肢就是如此，因此平常幾乎都躲在石頭底下或者土壤裡，除了覓食鮮少爬出來，盡量減少與天敵面對的機會。反觀青蛙在四肢的結構上就比較發達，跳躍及游泳成為牠們主要的移動方式，由於四肢必須適應水上及陸地的生存，所以腳上就特化出許多獨特的構造，例如需要吸附攀爬的種類就特化出吸盤，長時間待在水裡需要游泳的種類，就有發達的蹼，而樹棲性的種類，趾頭則具有軟骨的構造，能夠像手指一樣彎曲以緊握樹枝。

樹蛙趾端的吸盤以及可動的指節，讓牠們可以在樹上輕鬆的爬行，不費吹灰之力。

吸盤是趾頭末端特化的構造，因為會分泌黏液，所以具有黏性，能夠附著在物體上，有助於青蛙攀爬，而吸盤雖然是樹蛙科及樹蟾科特徵之一，不過少部分溪流型的赤蛙科也擁有特化的吸盤，讓牠們可以在湍急的水域中站穩，因此吸盤對青蛙來說是非常重要的構造。

青蛙的蹼根據外形發達的程度，約略可分為4種，包括滿蹼、全蹼、半蹼、微蹼，通常後肢的趾蹼會比前肢的指蹼發達，而常年待在水中生活的蛙類，為了要在水裡快速移動，蹼也相對的發達，大多為滿蹼或者全蹼，例如古氏赤蛙、金線蛙等，而習慣在水岸邊生活的種類，就大多為半蹼，例如拉都希氏赤蛙、澤蛙等，另外樹棲性的樹蛙也很有趣，牠們除了吸盤發達之外，通常也具有發達的蹼，跳躍的時候可以把趾間的蹼張開以協助滑翔。

樹蟾科跟樹蛙科有一個很大的特色，就是指（趾）頭有軟骨構造，可以握住樹枝幫助攀爬，加上吸盤的黏性，讓牠們能穩穩的站在樹枝間，這是其他科蛙類辦不到的事，也大大降低在地面遭遇天敵而喪命的機會。

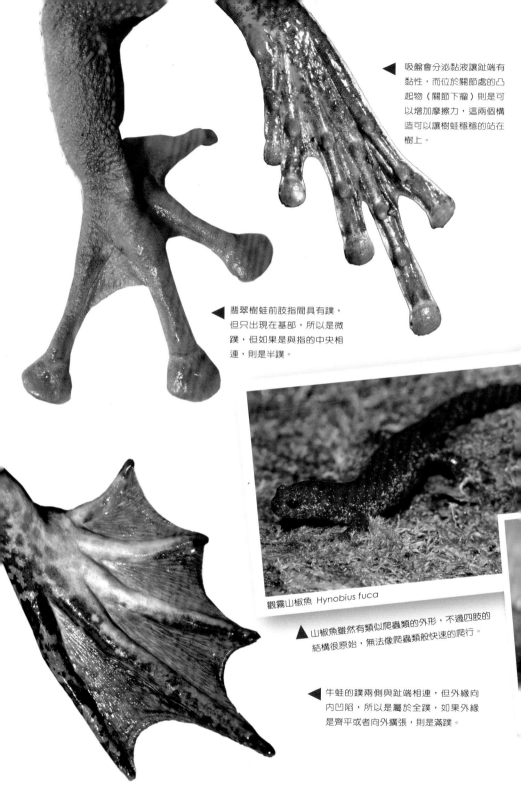

吸盤會分泌黏液讓趾端有黏性，而位於關節處的凸起物（關節下瘤）則是可以增加摩擦力，這兩個構造可以讓樹蛙穩穩的站在樹上。

翡翠樹蛙前肢指間具有蹼，但只出現在基部，所以是微蹼，但如果是與指的中央相連，則是半蹼。

觀霧山椒魚 *Hynobius fuca*

山椒魚雖然有類似爬蟲類的外形，不過四肢的結構很原始，無法像爬蟲類般快速的爬行。

牛蛙的蹼兩側與趾端相連，但外緣向內凹陷，所以是屬於全蹼，如果外緣是齊平或者向外擴張，則是滿蹼。

吸盤加上可動指節，讓牠們可以做
出像拉單槓般的高難度動作，只要
後腳一抬就可以輕易爬上去。 ▶

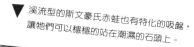

▼ 腹斑蛙終年幾乎都待在水裡生活，所以後
肢趾間具有全蹼，可以讓牠們快速的在水
中移動，蛙鞋也是這樣設計出來的產品。

▼ 溪流型的斯文豪氏赤蛙也有特化的吸盤，
讓牠們可以穩穩的站在潮濕的石頭上。

蛙 Rana adenopleura Boulenger

斯文豪氏赤蛙 Rana swinhoana Boulengeer

台北赤蛙 Rana taipehensis

◀ 大部分的青蛙都具有修長的後肢，以及
有利於跳躍的骨骼結構，通常都能跳出
體長數倍的距離，如果牠們也能參加奧
運的話，或許可以輕鬆得到金牌。

生命的起源

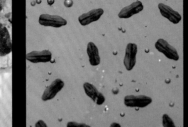
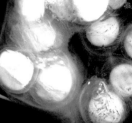

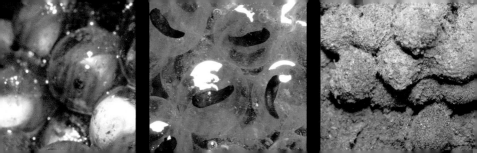

青蛙下蛋

粉圓的外形很像青蛙蛋，所以冷飲店的「青蛙下蛋」，只是戲謔的稱呼，實際上只是加了粉圓的冷飲。

波霸珍珠、包心粉圓等都是台灣常見的冷飲配料，而有些商家也會以青蛙下蛋來稱呼這種外形跟蛙卵十分類似的美食，小時候也曾經真的以為粉圓是青蛙下的蛋，還嘗試過自己採集蛙卵，不過後來發現外形還是不太一樣才作罷，要不然真的撈回家吃下肚就有趣了。

台灣的兩棲類全部都是以體外受精的方式產卵，卵的外形大致相同，外層都有一層膠質膜保護著，剛產下的卵遇到水就會膨脹，膠質膜也會彼此相黏；因此看到的卵都是黏在一起或者串在一起，膠質層除了給予卵良好的保護性之外，也是卵發育很好的介質，聚成一大團更可以避免被天敵一次吞食。當卵孵化成蝌蚪時，剩下的膠質膜也順理成章變成蝌蚪的食物，所以

膠質膜的重要性可見一斑。

剛產下的卵粒通常呈圓形，外形上以黑色、白色各佔一半，白色的部分稱為植物極，因為含有提供胚胎發育養分的卵黃，所以一般比較重，通常會朝著水面的下方，而黑色的部分稱為動物極，具有黑色素，可以吸收陽光的熱量以加速卵的發育。除此之外，根據觀察，黑色部分朝上其實也為卵提供了良好的保護色，讓卵不會明顯曝露在水面上，如果沒有仔細觀察，其實很難發覺水面上有蛙卵存在。

山椒魚以及產卵在陸地上的蛙類，牠們的卵因為沒有黑色素，所以整顆都呈現乳白色，也因為沒有黑色素可以保護，所以這些類型的卵大多產在隱蔽處，即太陽無法照射到的環境，以避免紫外線的傷害。

受精卵的外層被膠質膜包裹著，彼此保持一定距離相連著，據說這樣的目的是要讓胚胎能夠充分吸收氧氣。

剛產下的蛙卵黑白分明，不過過了一陣子之後，白色的部分會因為比重較重而朝向水面的下方。

山椒魚的卵十分雪白，而且產卵的位置通常也很隱密，大多黏在石頭底下照不到陽光的位置。（游崇瑋攝）

水晶球
的生存之道

艾氏樹蛙產卵在積水的樹洞裡。洞裡通
常都會找到一兩隻留下來護幼的成蛙，
這是相當有趣的行為。

兩棲類的卵沒有硬殼可以保護，只有膠質膜當做緩衝的介質，並且保持濕潤，因此大部分兩棲類都是選擇將卵直接產於水中，以利於幼體孵化之後可以直接入水。

兩棲類的產卵形式雖然簡單，但不同種類的兩棲類在產卵策略上都各具巧思，像是山椒魚產卵的時候，會選擇將卵產在流動水域的石頭底下，除了隱蔽天敵之外，也可以避免高山陽光的紫外線直接照射，同時流動的水也會確保胚胎有足夠的氧氣可以發育。

而溪流型的蛙類，產卵的選擇跟山椒魚十分雷同，例如梭德氏赤蛙及褐樹蛙，都是將卵附著於溪流的石頭底下，並且選擇流水比較緩和的區域，以避免蛙卵被水沖走，否則就前功盡棄了。

黑眶蟾蜍及盤古蟾蜍的產卵方式，則是將卵用膠質膜串成一長串，長長的像一條項鍊，產卵的時候會選擇將卵串繞在植物或是石頭上固定，以避免被水流沖走。古氏赤蛙及日本樹蛙產卵的選擇也很特別，牠們會選擇將卵產在靜水域，因為膠質膜沒有黏性，所以蛙卵彼此之間不會相連，不過一顆顆的卵會沾滿了泥沙，像極了散落在水中的小石塊，保護色極佳，不容易被天敵發現。一般人在觀察的時候，除非是很有經驗或者觀察力極佳，否則很難發現蛙卵的存在。

除了在水中產卵之外，在陸地上產卵也是青蛙的選擇之一，例如面天樹蛙就會將卵產在靠近水邊的落葉堆或者泥土裡，胚胎會在膠質膜裡面發育，等到水漲起來或者雨水沖刷，牠們就會順勢落到水裡。而艾氏樹蛙則會選擇在積水的竹筒或者小樹洞裡生蛋，生完蛋之後牠們並不會離開，而是留下來護幼，因為積水處的食物有限，所以雌蛙還會定期回來產下未受精的卵來餵食蝌蚪。

The Secret Life of Amphibian

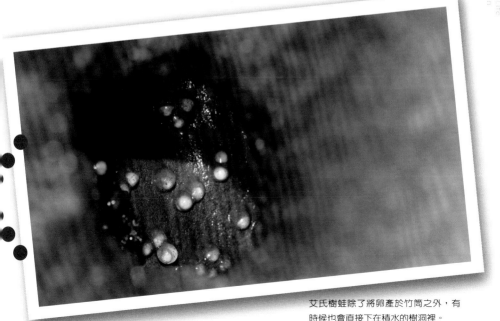

艾氏樹蛙除了將卵產於竹筒之外，有時候也會直接下在積水的樹洞裡。

▲ 盤古蟾蜍的卵串。長條狀的膠質膜將卵一顆一顆整齊的包裹著，看起來就好像是一串項鍊般，不過膠質膜的強度很低，所以一拉就會斷裂。如果一圈一圈繞在石頭上彼此相連著，那麼強度就足以不被水流沖散。

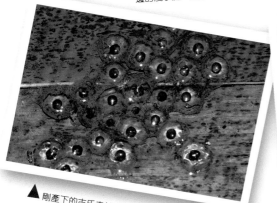

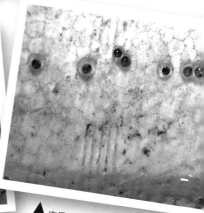

▲ 日本樹蛙沾滿泥沙的卵群散落在溪床邊的淺水灘，顏色跟周遭很類似。

▲ 中國樹蟾把卵產於水域邊緣的高處，到孵化之後就可以直接落水。

▲ 剛產下的古氏赤蛙卵群，膠質膜還沒有完全沾滿泥沙。

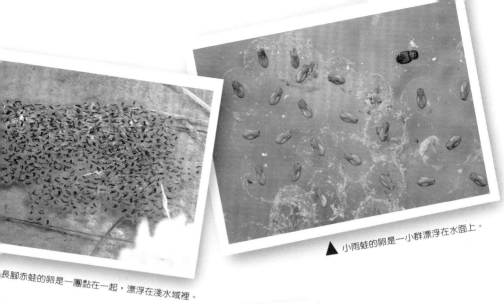

小雨蛙的卵是一小群漂浮在水面上。

長腳赤蛙的卵是一團黏在一起，漂浮在淺水域裡。

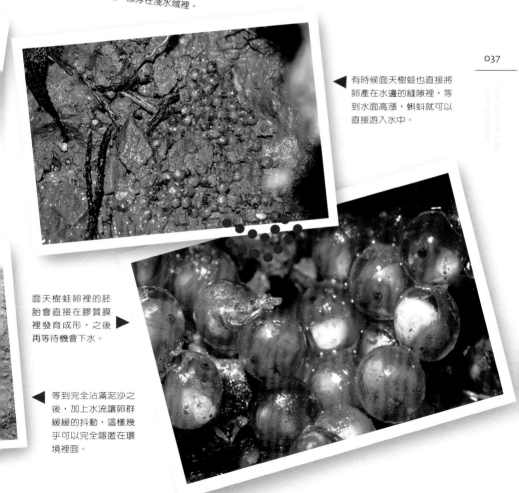

有時候面天樹蛙也直接將卵產在水邊的縫隙裡，等到水面高漲，蝌蚪就可以直接游入水中。

面天樹蛙卵裡的胚胎會直接在膠質膜裡發育成形，之後再等待機會下水。

等到完全沾滿泥沙之後，加上水流讓卵群緩緩的抖動，這樣幾乎可以完全隱匿在環境裡面。

樹蛙打卵泡時，雌蛙會用後腳一直交互踢，踢一下休息一下，大約一個小時左右就可以完成，這段時間內上方的雄蛙只須刺激雌蛙排出卵子，同時自己也排出精子即可。

Chapter 2
生命的起源

POINT 04

池塘邊
的棉花糖

從小到大一直以為青蛙只會將卵產在水中，甚至覺得豆花裡的粉圓就是青蛙下的蛋，直到高中開始認真觀察自然，大學時期勤跑野外，四處拍攝記錄，我才恍然大悟這些野外的棉花糖到底是誰的傑作。

泡沫型卵塊是台灣蛙類最特殊的產卵方式，牠們會挑選靠近水域的地方，或者直接掛在水域上方的樹枝，甚至是菜園裡儲水的水桶也都是可供選擇的產卵地點，等到選定好地點之後，雌蛙就會開始分泌黏液同時產下卵粒，並用後腿當做工具開始攪拌以與空氣混合，作法如同我們打蛋霜般，後腿就是負責攪拌的攪拌器，雌蛙在攪拌的同時，雄蛙也跟著排出精子，然後透過雌蛙攪拌使精卵順利結合。

剛完成的卵泡顏色十分雪白，一旦表層跟空氣接觸之後，就會漸漸變成黃色或者褐色，同時表層也開始變硬，看起來乾乾的，不過卵泡裡層其實相當濕潤，是胚胎良好的發育環境。這種類型的青蛙採用的是質大於量的策略，每次只產下約幾百顆的卵，同時給予胚胎相當完整的保護，卵可以直接在卵泡裡面發育成蝌蚪，等到下雨時再將卵泡的表層融化，蝌蚪就可以順勢進入水中。

雖然卵泡將胚胎保護得很好，不過因為黏液的成分是多醣類，所以有時候會吸引螞蟻過來覓食，甚至也會被蠅類寄生產卵，成為裡面長滿蛆而無法孵化的卵泡。更奇特的是，青蛙在下雨天時可能會對環境產生誤判，以致將卵泡下在蝌蚪根本無法落水的區域，最常發現的就是將卵泡下在儲水桶的外圍，遇到這樣的狀況，常常讓我哭笑不得。

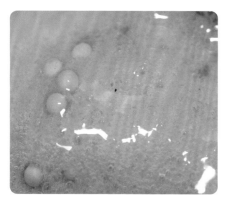

剛完成的卵泡還沒變硬之前，可以清楚看到上面滿滿的都是氣泡，由於卵泡是以後腳攪拌成形的，所以胚胎是平均分布在卵泡上面。

台北樹蛙將卵泡產於潮濕的土裡，等到水漲之後，蝌蚪就可以直接游出來。

卵泡接觸空氣之後，表面就會開始變硬以防止水分的蒸散，讓胚胎可以受到完整的保護。

產卵的過程不是每次都一定成功順利，萬一卵孵化之後還是沒有水，那麼可能直接乾枯死亡。

聰明的白頷樹蛙直接將卵泡做在水域的上方，這樣蝌蚪孵化之後就可以直接落水。

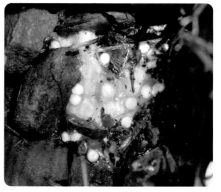

卵泡只有外層是氣泡，內層其實還是潮濕的液體狀，讓蛙卵可以像是在子宮裡發育一樣。

由於下雨的積水讓翡翠樹
蛙誤判情勢，將卵泡做在
水桶的外圍，結果可能就
是白做工了。

躍動
的音符

　　無論是電視節目、雜誌或是廣告、卡通等，常常把蝌蚪畫成音符的模樣，因為蝌蚪圓滾滾的身體配上長長的尾巴，跟音符還真的有幾分神似，或許當初發明音符的人，靈感真的是來自蝌蚪呢！

　　一顆完成授精的蛙卵，經過約4小時左右的時間，胚胎就會開始進行細胞分裂，不斷分裂的過程當中會漸漸長出各部位的器官，首先可以分辨出形狀的是尾巴，然後肚子、眼睛也慢慢變得清晰無比，而末期的型態像極了一隻小魚，應該也可說是演化環節的一項證明吧！

　　影響蛙卵發育的條件很多，水當然是其中最重要的介質，再來就是溫度了，雖然有實驗證明較高的溫度可以加速卵的發育，不過對於不同種類的兩棲類來說，每種卵能夠適應的溫度也大不相同，但大部分對於高溫的接受度都較佳，甚至有溫泉蛙之名的日本樹蛙卵，可以在攝氏40度以上的水域生存。而低溫對於大多數的兩棲類來說，適應的能力相對就差很多，台灣山區海拔超過1000公尺以上，蛙類幾乎完全絕跡，只有少數幾種可以生存，不過山椒魚倒是可以在這樣的環境活得很好，高溫條件下反而無法生存。

　　台灣一年四季都有兩棲類繁殖，主要是因為每一種類對於適應的溫度有所不同，因此在同一個水域裡，一整年往往都有不同的蛙種運用，秋冬季可能有台北樹蛙、盤古蟾蜍及長腳赤蛙等在這裡產卵；到了春夏天則會變成腹斑蛙、小雨蛙及貢德氏赤蛙的天下，這樣的生殖方式也可避免彼此蝌蚪的生存競爭。

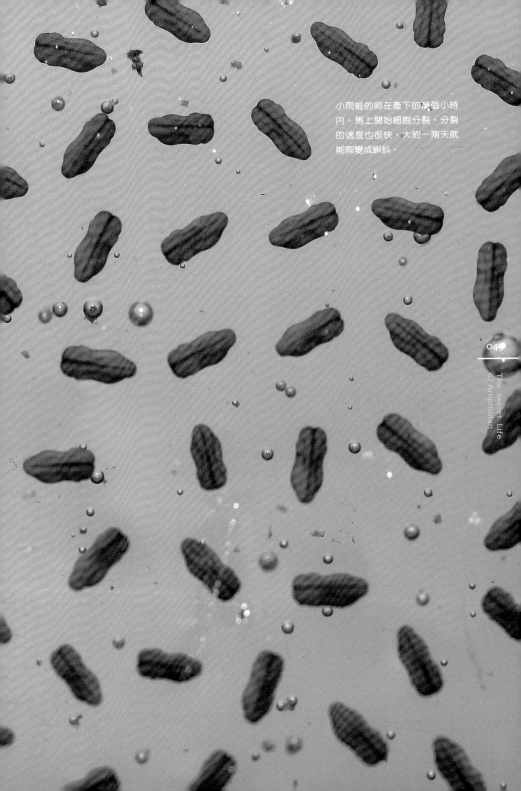

小雨蛙的卵在產下的幾個小時內，馬上開始細胞分裂，分裂的速度也很快，大約一兩天就能夠變成蝌蚪。

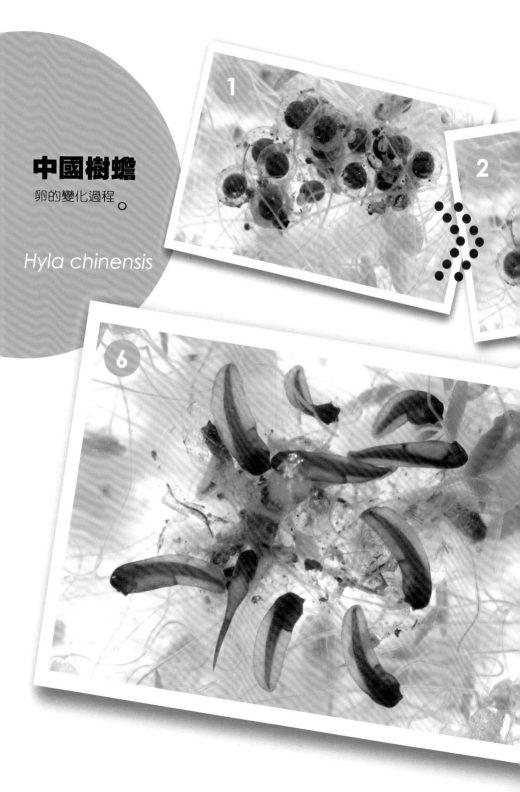

中國樹蟾

卵的變化過程。

Hyla chinensis

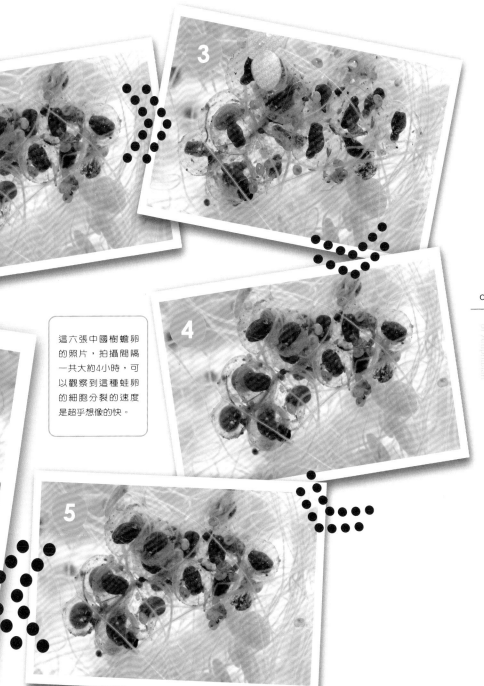

這六張中國樹蟾卵的照片，拍攝間隔一共大約4小時，可以觀察到這種蛙卵的細胞分裂的速度是超乎想像的快。

The Secret Life of Amphibian

蝌蚪大觀園

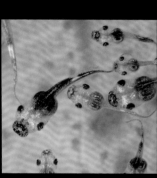

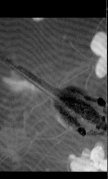

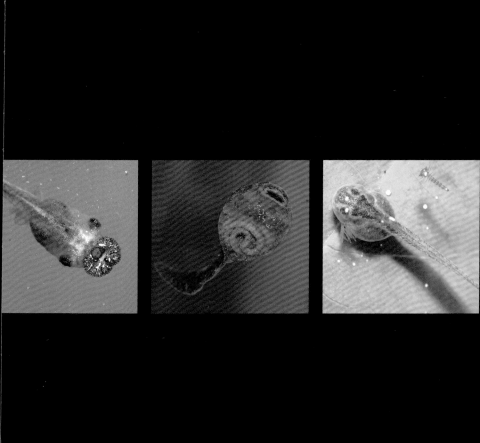

外觀印象

　　青蛙的蝌蚪跟山椒魚的幼體外形大致相同，蝌蚪大多有深色底的保護色，腹面通常有點透明（部分種類的蝌蚪幾乎完全透明），可以看到明顯的腸道，而在身體的左側也可以看到一個明顯的出水孔，蝌蚪有外鰓期，但很短暫就會消失，而內鰓則構造完整。山椒魚的幼體顏色比較淡，有明顯的外鰓，整體外形很像一隻小魚，平常都躲在溪流的石頭縫裡，不容易發現。

外鰓
山椒魚幼體才有的構造，一般蝌蚪的外鰓期非常短，幾乎可以忽略之。

山椒魚
幼體

（游崇瑋攝）

口部

有角質齒幫助刮食，每個種類都不盡相同，可以當成分類的依據。

眼睛

不同種類的眼睛位置也不相同，有的在上方，有的在兩側。

出水孔

位於身體的左側，可排出多餘的水分，狹口蛙科的蝌蚪則在腹部下方中央。

腸道

蝌蚪大多為素食主義，所以需要很長的腸道來消化，因此腸子是體長的好幾倍。

尾部

兩棲類的幼生期，游泳是最主要的移動方式。

尾鰭

蝌蚪尾鰭的發達與否以及上面的斑紋，可以做為辨識幼生期的依據。

刺青臉譜

蝌蚪是不是都長得一模一樣？不就是黑黑灰灰的，圓滾滾的身體配上一條長長的尾巴，我想大部分的人一定都這麼認為，而早期的我也覺得蝌蚪都長得一樣，怎麼這麼難以分辨，不過長期的觀察經驗告訴我，其實還是有些訣竅的。

要辨識台灣的兩棲類其實並不困難，難就難在幼體及卵的分辨，山椒魚基本上還可以用棲地來辨識，不過混棲的蝌蚪難度就高了，較基本的辨識方式是可以從牠們的體色來著手，例如深黑色的就有可能是部分樹蛙或者蟾蜍的蝌蚪。如果牠們都聚集在一起，那就一定是蟾蜍的蝌蚪了，而有些蝌蚪的頭部或者背上也會有花紋，例如莫氏樹蛙的蝌蚪，背部都有一個像是鑰匙的圖案，而白頷或者斑腿樹蛙的蝌蚪，吻端都有一個白點，中國樹蟾的蝌蚪背上則有兩條金色縱線，澤蛙最可愛，嘴唇邊會有三條小白線。

蝌蚪體型的大小有時候也可以當成參考的依據，例如體長超過5公分，身上有一些黑褐色斑點，那就可能是腹斑蛙，更大型一點的超過10公分，那就是牛蛙的蝌蚪了。尾長跟身體的比例，也可以當做參考的依據，例如斯文豪氏赤蛙的蝌蚪尾巴長度都超過身體兩倍長，而樹蛙科的尾鰭通常都比較發達，例如翡翠樹蛙的尾鰭就相當明顯。

辨識物種有時候不一定要從外形來判斷，其實從棲地環境、季節、海拔高度、分布地區都可以當成辨識參考依據。

中國樹蟾的蝌蚪體色不會太黑，
背上有兩條明顯的金色縱線，算
是非常好認的蝌蚪之一。

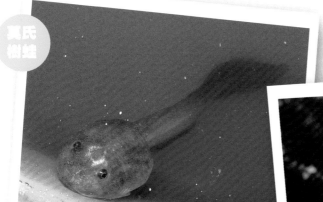

莫氏
樹蛙

▼ 背上有個V字花紋，是長
腳赤蛙蝌蚪的特徵。

▲ 莫氏樹蛙的蝌蚪很好認，只要看到黑色的
身體背上一支鑰匙，應該就沒錯了。

澤蛙

▲ 澤蛙的蝌蚪長大後，嘴邊的白線會慢慢
消失，沒有這個主要的辨識特徵，就要
從棲地環境來推測了。

▲ 顏色深黑而且還會群聚，應該就
是蟾蜍的蝌蚪了。

▲ 尾鰭又大又發達，而且又是在北部山區的水桶裡
發現的，很有可能是翡翠樹蛙的蝌蚪。

053

The Secret Life
of Amphibian

▲ 腹斑蛙的蝌蚪體型很
大，常常會讓人誤以
為是牛蛙的蝌蚪。

▼

生活在溪流邊而且擁有吸盤
可在底層刮食的，很有可能
是梭德氏赤蛙的蝌蚪。

我是透明蛙

初次遇見的黑蒙西氏小雨蛙蝌蚪，一度讓我以為是大肚魚，因為牠們的外形實在太像了。

家裡附近郊山的水塘，水面的小黑點通通都是小雨蛙的蝌蚪。

記得第一次去南投蓮華池做自然觀察，白天走過一條林道看蝴蝶，可能前幾天下過雨吧，地上滿是泥濘跟積水，此時我注意到一件奇怪的事，這種暫時性的水域裡，怎麼會有大肚魚在活動，仔細觀察了一下，才恍然大悟，原來那是黑蒙西氏小雨蛙的蝌蚪。

包括我在內，大家對蝌蚪的印象就是黑黑灰灰的，其實蝌蚪的型態也有很大差異，例如台灣就有一群透明的蝌蚪，牠們是狹口蛙科家族，圓滾滾的身體，還有細小而長的尾巴，從側面看大大的肚子，長在前端的口器，實在像極了大肚魚，再仔細看看，還可以觀察到牠們的內鰓等器官，每一次看到，都覺得小生命真的很奇妙。

透明蝌蚪裡的黑蒙西氏小雨蛙，外形非常獨特，因為牠的嘴巴是長在上方，而且外形就像一個漏斗，平常也可以觀察到牠們在水面活動，嘴巴在張合之間，因為吸力的關係，水就會從牠的口部吸入，藉此可以過濾出需要的藻類或者浮游生物，而吸入的水分則會從腹部下方的出水孔排出，這樣覓食的現象可以讓生存的水域有效地分成上層及下層來利用，減少不同蝌蚪間的競爭。

雖然大部分的狹口蛙科都分布在台灣中部以南，不過其中一種小雨蛙是全台灣可見，因此春夏季節下過雨後，晚上不妨仔細聽一下是不是有扭發條「喀喀喀」的聲音，那麼附近應該就有小雨蛙的分布，過幾天之後，去家裡附近的池塘、積水處找找，應該很有機會看到這種超可愛的透明蝌蚪了。

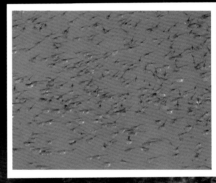

成群的小雨蛙蝌蚪遠遠看十分類似一群小魚

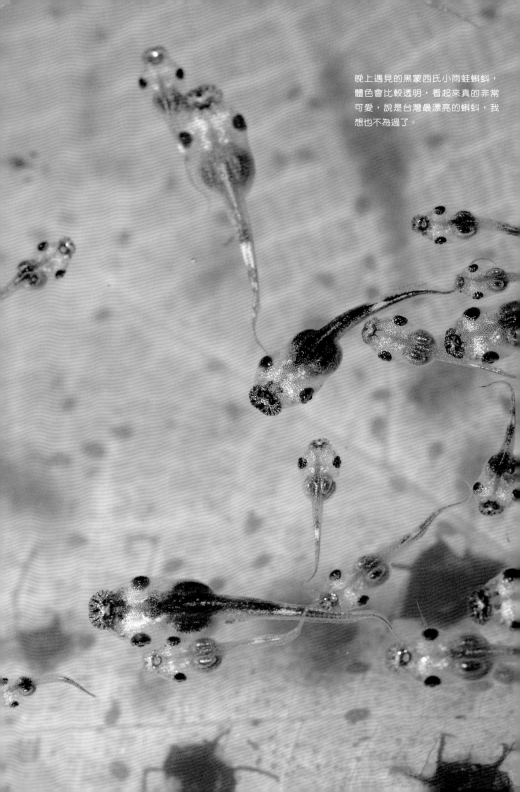

晚上遇見的黑蒙西氏小雨蛙蝌蚪，
體色會比較透明，看起來真的非常
可愛，說是台灣最漂亮的蝌蚪，我
想也不為過了。

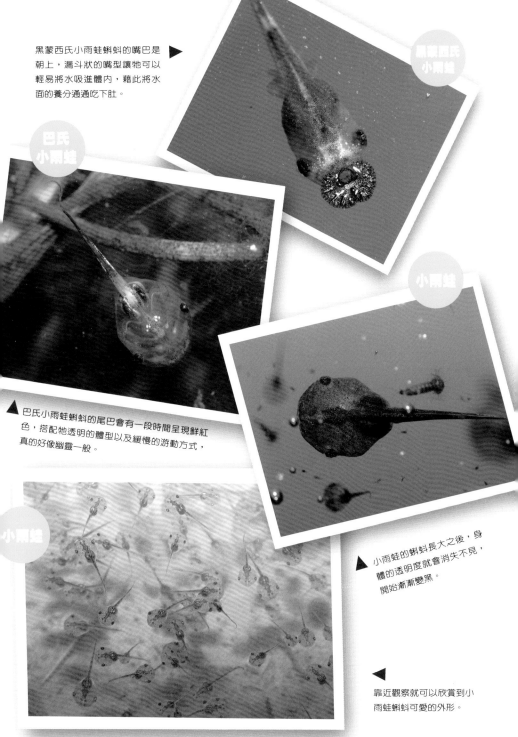

黑蒙西氏小雨蛙蝌蚪的嘴巴是朝上，漏斗狀的嘴型讓牠可以輕易將水吸進體內，藉此將水面的養分通通吃下肚。

黑蒙西氏小雨蛙

巴氏小雨蛙

小雨蛙

巴氏小雨蛙蝌蚪的尾巴會有一段時間呈現鮮紅色，搭配牠透明的體型以及緩慢的游動方式，真的好像幽靈一般。

小雨蛙的蝌蚪長大之後，身體的透明度就會消失不見，開始漸漸變黑。

小雨蛙

靠近觀察就可以欣賞到小雨蛙蝌蚪可愛的外形。

Chapter 3
蝌蚪大觀園

POINT 04

團結力量大

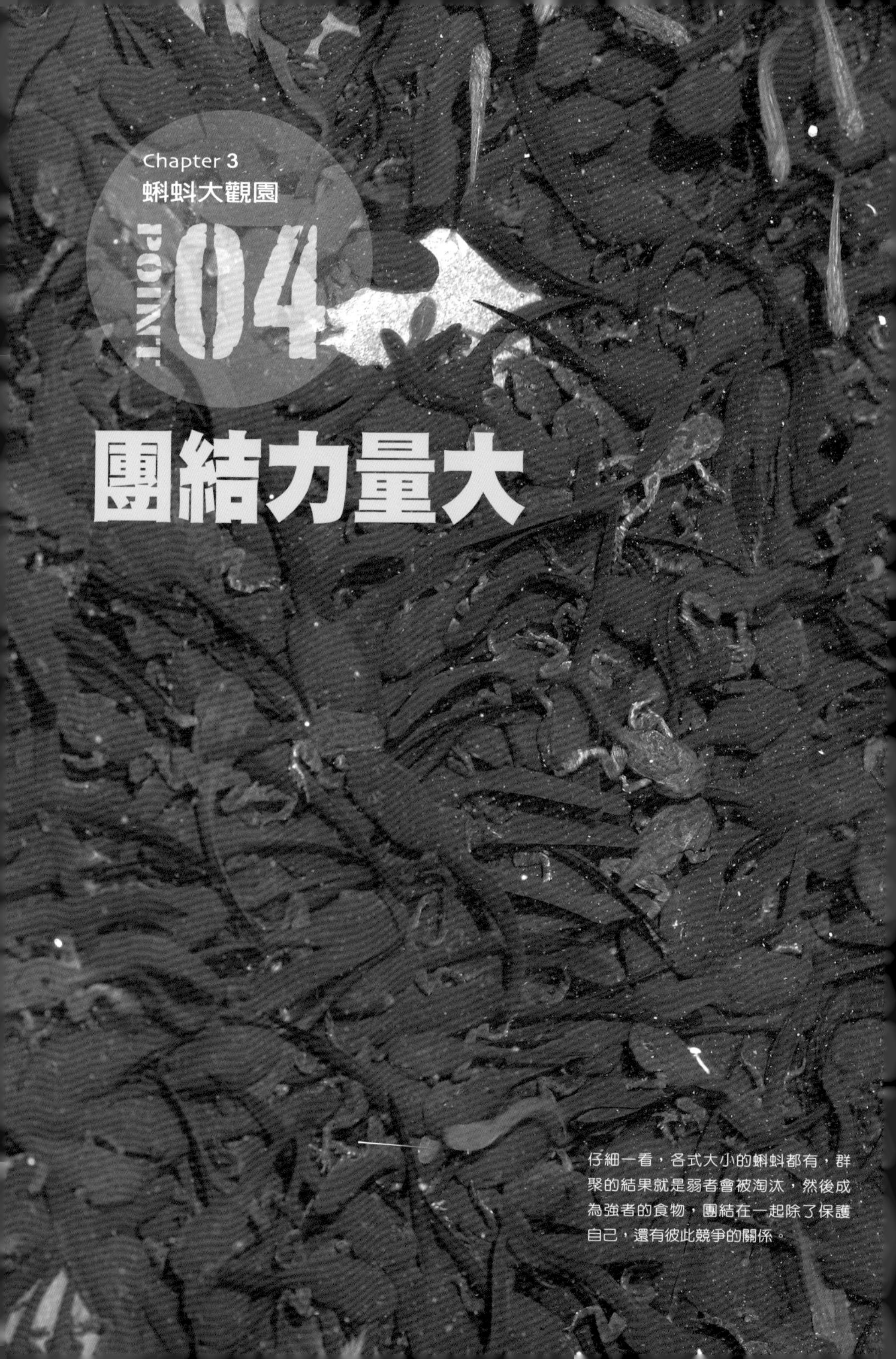

仔細一看，各式大小的蝌蚪都有，群聚的結果就是弱者會被淘汰，然後成為強者的食物，團結在一起除了保護自己，還有彼此競爭的關係。

螞蟻、蜜蜂等高度社會化的昆蟲，牠們會一起抵禦外來的敵人；海洋裡的小型魚類常常也會群聚在一起，遠遠看就會變成一隻大魚，身上鱗片的銀色反光，也可以干擾天敵的視覺；在熱帶雨林裡，有一種蝙蝠更會集體出洞覓食，共同抵禦老鷹的襲擊。類似的現象在生物世界裡屢見不鮮，小小的蝌蚪也有類此的生存機制。

　　每年差不多早春的時候，郊山附近的小溪流，甚至高海拔環境，都可以看到岸邊的淺水灘或者積水處，滿滿黑壓壓的一大片在蠕動，乍看之下還有一點噁心，其實那是盤古蟾蜍蝌蚪的群聚，蟾蜍的蝌蚪有毒，當牠們群聚在一起的時候，可以讓誤食牠們的天敵加深印象，而不敢捕食牠們。另外比較弱小或是死亡的蝌蚪，也可能被大型的個體吃掉以補充養分，加速生長的速度，因此蝌蚪的群聚除了保命之外，更是牠們的生存之道。

　　其實蝌蚪的命運十分坎坷，牠們在有限的水域裡彼此競爭，趕著長大登陸，但是來不及長大或者生病的個體，馬上遭到捕食，或是隨水域的乾枯而死亡，所以平常觀察青蛙的時候，別忘了要懷抱持著尊敬的心意，因為牠們可都是萬中選一的優秀份子呢！

▶ 大部分的蝌蚪都生活在有限的水域裡，為了加速長大，競爭是必然的，死亡的自然成為存活者的食物。

▶ 水塘裡黑壓壓的一大片，是盤古蟾蜍的蝌蚪團結在一起，如此龐大的聲勢會讓天敵不敢靠近。

Chapter 3
蝌蚪大觀園

POINT **05**

消失
的尾巴

大家的心裡應該還有個疑問，蝌蚪有一條長長的尾巴，可是青蛙卻沒有，是斷掉了嗎？還是被天敵吃掉了？這個答案在多年的觀察裡，慢慢也浮現出來了。

蝌蚪的成長受到溫度及食物來源等因素的影響，一般來說，大約30到40天就能變成一隻幼蛙，而青蛙的一生當中，蝌蚪期只是一個過渡階段，換句話說，這個階段沒有繁殖能力，唯一的目標就是在有限的空間及時間裡，盡快的長大，因此牠們的口器很發達，腸道也佔了身體的大半，

整天就是覓食、排泄、生長三個動作。整個成長的過程中，可以看到蝌蚪首先長出一點點的後腳，然後再慢慢的成長，但前腳呢？究竟何時才會冒出來？

為什麼總是看不到長大的前腳呢？養過幾次蝌蚪的經驗告訴我，原來牠的前腳會在蝌蚪末期才在體內長好，並藏在胸口的囊袋裡，直到準備變態的時候，左腳會先從身體左側的出水口伸出來，然後右腳再穿破皮膚長出來，而出水口也會因此而堵住，從此刻開始，蝌蚪將面臨一個重大的改變階段。

蝌蚪長出四肢之後，就完全放棄了鰓呼吸，變成由肺跟皮膚來呼吸，而濾食用的口器也要變成吞食用的嘴巴，所以會從兩側慢慢的裂開，整體來說就像毛毛蟲進入蛹期，準備蛻變成蝴蝶。而在變態的這個階段，因為無法進食，所以必須依靠體內儲存的能量來過活，此時尾巴就變成能量的來源，尾巴會慢慢的萎縮，分解出來的養分再利用，直到尾巴完全分解，牠們就正式成為一隻小蛙了。

長出四肢之後，蝌蚪就要開始變態成為青蛙，因為鰓已經失去作用，所以無法長時間的躲在水裡，因此牠們會趁著夜晚潮濕的時候爬上岸來。

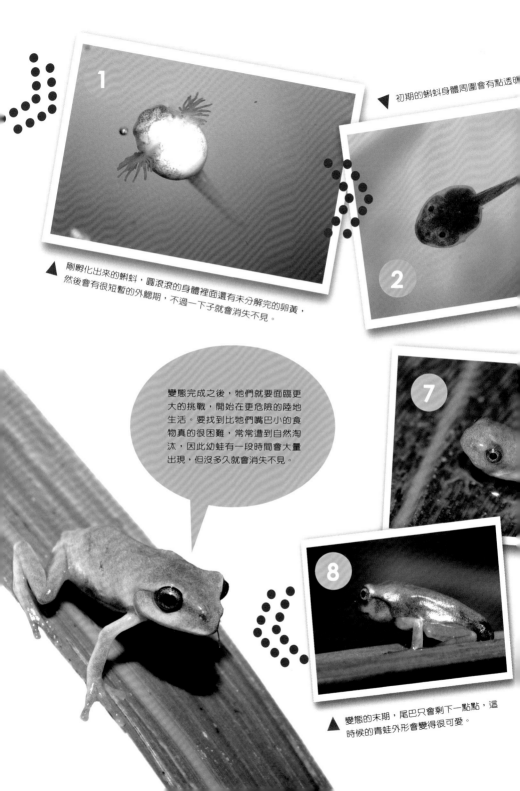

初期的蝌蚪身體周圍會有點透明

剛孵化出來的蝌蚪，圓滾滾的身體裡面還有未分解完的卵黃，然後會有很短暫的外鰓期，不過一下子就會消失不見。

變態完成之後，牠們就要面臨更大的挑戰，開始在更危險的陸地生活。要找到比牠們嘴巴小的食物真的很困難，常常遭到自然淘汰，因此幼蛙有一段時間會大量出現，但沒多久就會消失不見。

變態的末期，尾巴只會剩下一點點，這時候的青蛙外形會變得很可愛。

後期的莫氏樹蛙蝌蚪，外形變得有點奇怪，主要因為身體的兩側藏有前肢，所以才會突出不少。▼

蝌蚪先長出後腳，後腳會慢慢發育長大。

◀ 變態的過程中，嘴巴會越裂越開，尾巴也會一點一滴的慢慢消失。

長出四肢之後，蝌蚪就要開始變態成為青蛙，因為鰓已經失去作用，所以無法長時間的躲在水裡，常常會看到牠們漂在水面上，牠們會趁著夜晚潮濕的時候爬上岸來。▼

▲ 從腹面可以隱隱約約看出藏在身體裡的前肢。

夜間交響樂

傳宗接代

　　夏夜裡最熱鬧的音樂，除了蟲鳴就是蛙叫了，尤其是幾種蛙類同時鳴唱，沉浸在大自然交響樂的幸福感，讓人久久無法忘懷。青蛙當然不是隨便叫叫而已，牠們正在進行一生當中最重要的任務，即將基因傳遞下去的傳宗接代。鳴叫是雄蛙特有的行為，目的當然就是吸引雌蛙過來交配，而鳴叫通常不會離產卵的地點太遠，時間也都在晚上，當然有時候也會有例外，例如下雨前後濕度很高的狀況，或是直接在水域活動的蛙種，牠們白天鳴叫的機會也很高。

　　蛙鳴大致上會有兩種狀況，其中一種狀況是比較常見的持續性繁殖，牠們會在繁殖季的時候，從黃昏開始鳴叫，直到深夜時分慢慢的停止，由於繁殖季長，雌蛙並不會同時的出現，所以每次只會出現少數的雌蛙，因此雄蛙間的競爭非常激烈，每隻都會盡力的高歌鳴唱，不過聲音又大又亮的總是比較吃香，比較容易吸引雌蛙過來交配。而雌蛙在找尋合適雄蛙的過程中，常常會被埋伏不鳴叫的雄蛙攔截，或在交配的時候，也偷偷跑來想分一杯羹，這

樣的行為叫做衛星行為，因為鳴叫的雄蛙是主角，埋伏在旁的就像是衛星一樣守著，其實也是弱勢公蛙繁衍的一個手段，可避免物種的基因弱化。

　　另一種鳴叫狀況則是台灣比較少見的猛爆性繁殖，平常幾乎都看不到蛙類活動，但下雨過後的一兩天內，牠們會集體出來鳴唱，雌蛙也會趁此時尋覓交配的對象。雌蛙出現數量比較多，所以配對成功的機率很高，不過因為繁殖時間很短，所以還是會發生雄蛙搶奪雌蛙的狀況，有些甚至過度反應到看到會動的物體就撲抱上去，有時甚至好幾隻同時抱著雌蛙，導致雌蛙窒息死亡的例子也有，這種情況常在黑眶蟾蜍繁殖的時候發生，不過在下雨停止後幾天，這樣的短暫混亂現象就會又回歸於平靜。

　　如果乾季持續很久一陣子，突然下了一場雨，有時候持續性繁殖的種類也會產生類似猛爆性繁殖的狀況，同時集體出來大鳴唱。每次遇到這樣的場景都覺得好像中大獎一樣，即使觀察結束回家之後，耳邊還是不時傳來青蛙的鳴唱。

弱勢的雄蛙會趁著雌蛙打卵泡的時候，
偷偷放入自己的精子，放完之後就會離
開，回到自己的位置上繼續鳴叫。

翡翠樹蛙是屬於持續性繁殖，所以在繁殖季的時候，常見牠們在水域周遭零星的鳴叫求偶。

黑眶蟾蜍搶著擁抱已經窒息死亡的雌蛙。

黑眶蟾蜍也很喜歡在下過雨後出來交配。

▲ 腹斑蛙終年都在水域活動，是屬於白
天、晚上都會鳴叫的種類。

▲ 史丹吉氏小雨在蛙在台灣是屬於猛爆性
繁殖的代表種，平常難得一見，下過雨
後的夜晚就會發現牠們出來交配。

◀ 蛙類世界的雌雄比例很懸
殊，所以常常會發生搶奪
交配機會的狀況。

中國樹蟾屬於會在下過雨 ▶
後大爆發的種類。

聲音
如何來？

中國樹蟾 *Hyla chinensis*

雄蛙準備鳴叫之前，腹部都會鼓鼓的，
因為肺部裡面充滿了空氣。只要腹部一
收縮，空氣就會往前跑到鳴囊裡。

早期進行夜間觀察的時候，都是先聽到青蛙的聲音，然後再開始循聲辨位，每次找到青蛙時，發現牠們的身體都是鼓鼓的，感覺好像是體內有很多卵的雌蛙，我就跟同行的友人說這隻是某某雌蛙。不過這可就矛盾了，因為雌蛙不會鳴叫呀，但我又是循著聲音找到牠們，這到底是怎麼一回事？

原來青蛙鳴叫的方式很簡單，選定好一個地點之後，牠們會吸一口氣到肺部裡，使得腹部看起來鼓鼓的，這也是我誤判雄雌的主要原因。等到要鳴叫時，就會縮小腹部把肺裡的空氣往嘴巴擠，此時空氣會經過並振動聲帶，然後再將聲音及空氣送到鳴囊，鳴囊因為充滿空氣的關係，所以會鼓起來，而聲音此時在鳴囊裡產生共鳴，最後散發出去，傳到雌蛙的鼓膜，吸引雌蛙過來交配。

青蛙沒有外耳的構造，從外觀來看也只是一片圓圓的鼓膜，而青蛙就是依靠這片鼓膜來接收聲音，因為不僅雌蛙要精準的聽聲辨位，雄蛙也要靠聽覺來防範天敵，所以青蛙的聽覺其實是很發達的，下次進行夜間觀察時，切記要保持安靜。

鼓膜是青蛙的聽覺器官，通常雄蛙的鼓膜會比雌蛙的大，牛蛙尤其明顯，圓滾滾的鼓膜甚至超越眼睛的大小。

準備鳴叫的面天樹蛙肚子會鼓鼓的，乍看之下還真的有點像抱卵的雌蛙。

鳴囊
面面觀

大聲公的蛙系列裡，怎麼可以忘記
單咽下鳴囊的諸羅樹蛙呢？清脆又
響亮的叫聲是我最喜歡的大自然天
籟之一，每次看到牠們叫到鳴囊都
充滿血絲，就覺得很有趣。

在卡通影片或者漫畫裡，常看到雄蛙嘴部下方頂著一顆大泡泡，那就是典型鳴囊的模樣，不過實際上在台灣進行蛙類的觀察，鳴囊大致上可以分成四個種類：

◎內鳴囊

這些蛙類鳴叫的時候，喉部只有微微的突起，幾乎看不到明顯的鳴囊，也因為共鳴腔很小，所以這類的青蛙叫聲通常都不大聲。此類型的代表種類是常見的拉都希氏赤蛙，聲音常常會被同棲地不同種的青蛙掩蓋過去。

◎單咽下鳴囊

這種類型是最典型的鳴囊，也是大家一般印象裡的畫面。鳴叫時喉部下方鼓起一顆圓球，此種鳴囊通常又大又圓，所以有很大的共鳴腔，對聲音加強的效果很明顯，尤其是鳴囊大小跟頭部的比例越懸殊者，叫聲就越大聲。此類型的代表種類就是小雨蛙了，2公分左右的身體，居然可以發出如此響亮的聲音，真是令人嘖嘖稱奇。

◎咽側下鳴囊

這種類型的鳴囊共有兩顆，位於喉部下方，可以明顯看出相連在一起，因此鳴囊的比例也偏大，所以叫聲也很響亮。此類型的代表種類就是腹斑蛙，不論是郊外或者公園，池塘裡聽到「給給給」的叫聲，就是腹斑蛙了，而且腹斑蛙不太怕人，算是很容易觀察到鳴囊的青蛙種類。

◎咽側外鳴囊

這種鳴囊位於嘴巴的兩側，鼓起來好像吹泡泡糖一樣，十分可愛。此類型的代表種類是斯文豪氏赤蛙，平常棲息於山澗溪流邊，會發出一聲類似鳥叫的聲音，所以常常會騙到不懂青蛙的人以為是鳥。

腹斑蛙是咽側下鳴
囊的代表種類，有
兩個大鳴囊。▶

▲ 拉都希氏赤蛙的鳴囊幾乎小到看不
到，是屬於內鳴囊的種類。

中國樹蟾也是屬於蛙類大聲公，看
看牠鳴囊的大小就可以知道了。▶

斯文豪氏赤蛙是咽側外鳴
囊的代表種類，不過平常
想要看到牠在人前鳴叫的
機會並不高。

▲ 貢德氏赤蛙雖然都躲得很隱密，但是想要看見牠鳴叫，其實沒那麼困難。

◀ 小雨蛙的體型雖小，但叫聲可以傳得非常遠，鳴囊當然也鼓得很大。

▲ 面天樹蛙是典型的單咽下鳴囊，鳴叫的時候鳴囊比頭部還大，是屬於聲音響亮的種類。

蛙言蛙語

下雨天樹蟾大發生的時候，常常可以觀察到錯抱的情況，這時候下方的雄蛙就會鼓起鳴囊鳴叫，我們稱做釋放叫聲。

中國樹蟾的雄蛙會在雌蛙的背上急促鳴叫，雌蛙就會開始產卵，有點像是在催促牠「快生！快生！」，這樣的交配叫聲真的十分有趣。

青蛙的鳴叫很有趣，不單單只是求偶的叫聲而已，有時候周遭有競爭的雄性對手時，牠們也會叫得更長更大聲，甚至轉換成不同的聲音，除了互相較量之外，也有宣告領域的意味。這種叫聲我們稱之為「領域叫聲」，因此每當青蛙不鳴叫時，有時適時放出叫聲引誘，會提高牠們鳴叫的意願，當然放得太大聲時會有反效果，因為太過於強勢了，雄蛙們反而會停止鳴叫，所以最好的方法是放一下、停一下，青蛙很容易就會跟著二重唱，這招用在莫氏樹蛙身上真的十分管用。

每當雄雌蛙配對成功之後，雄蛙通常就會放棄鳴叫，不過有些種類很有趣，牠們會趴在雌蛙的身上急促鳴叫，以刺激雌蛙產卵，我們稱之為「交配叫聲」，中國樹蟾就有這種行為，鳴叫之後，雌蛙就會抬高屁股開始下蛋。

青蛙是個大弱視，有時候會發生雄蛙錯抱雄蛙的狀況，這時候被抱住的雄蛙就會趕快發出聲音要求放手，這種叫聲我們稱之為「釋放叫聲」，但對手通常還是緊緊的抱著，所以底下的雄蛙就會跳來跳去，試圖要把上方的雄蛙甩開。這種狀況常見於水溝邊繁殖的日本樹蛙，因為空間小，所以很容易發生錯抱的狀況。下次在野外遇到蟾蜍的時候，不妨用拇指及食指抓起蟾蜍的腋下，如果是雄蛙的話，牠們也會發出有趣的釋放叫聲。

最後一種聲音很少見，不容易聽到，聽到的時候通常就是有悲劇發生了，即是被天敵抓到之後發出的求救叫聲，有時候抓青蛙太用力，青蛙也會發出這樣的聲音，這種叫聲的用意在於警告同伴快逃，有時突如其來的一聲也會嚇到天敵，讓牠們有機會逃走。

用手指頭把黑眶蟾蜍從兩側抓起，牠就會發出有趣的釋放叫聲，而雄蛙咽喉處的黃色皮膚，也可以當作辨識雄雌的依據，雌蛙因為不會鳴叫，所以咽喉處是白色的。

大近視的雄蛙抱錯了雌蛙，下面的雌蛙也不會鳴叫，只好任君擺布了。

大蛙背小蛙？

盤古蟾蜍
Bufo bankorensis

小時候在溪邊玩水，見到一對斯文豪氏赤蛙正在抱接，童言童語的我說出了「媽媽帶小孩耶！」這樣的話，當時對於看到的景象驚訝不已，也對青蛙的生態產生興趣，可惜那時候沒有網路，圖書資訊也不發達，讓我帶著這樣的錯誤想法直到長大。

台灣所有種類的青蛙，都是採取體外授精的方式進行，也就是說雌蛙將卵產在體外，雄蛙也將精子產在體外，精卵在外結合，並沒有一個實際的交配動作，所以雄蛙抱雌蛙的動作稱做交配並不合適，因此有個專有名詞叫做「抱接」，也可以稱為「假交配」。

抱接最主要的目的就是刺激雌蛙產卵，通常雄蛙都會抱得很緊，就算把牠們抓起來也不會輕易放手。除了前肢用力抱之外，後腿也會夾著雌蛙腹側，除了刺激之外，同時也可以感覺雌蛙體內是否還有卵。雌蛙把卵排完之後，雄蛙就會放手離開，此時雌蛙看起來就像是營養不良般乾巴巴的，體力也幾乎耗盡。

▼ 抱接的時候受到驚嚇，雄蛙只會穩穩的趴在雌蛙背上，並不會放手離開。

黑眶蟾蜍 Duttaphrynus melanostictus

日本樹蛙 Buergeria japonica

▲ 雄蛙抱接的動作其實非常用力，因為只要一放開，雌蛙可能就會馬上逃離，所以為了把握配對的機會，雄蛙絕對不會輕易放手。

莫氏樹蛙 Rhacophorus moltrechti

台北樹蛙 Rhacophorus taipeianus

抱接的青蛙雖然很容易見到，但要見到牠們產卵就要一點運氣了，因為通常抱接都會長達數小時，需要耐心等待。在抱接之後，雄蛙只會靜靜等著雌蛙跳到產卵的水域，才會開始刺激雌蛙產卵。

Chapter 5
兩棲生活圈

大型的蛙類吃東西，幾乎都是嘴一張、
腿一蹬，俯衝至獵物面前，就一口吞下
去了。（本圖為牛蛙）

Chapter 5
兩棲生活圈
POINT 01

你在
吃什麼？

　　再也沒有比吃飯更重要的事了！我想大部分的生物應該都會同意這句話，當然兩棲類也不例外。每當我煩惱著晚餐要吃什麼的時候，或是媽媽煮了自己不喜歡的菜，我總會突然羨慕起青蛙，因為青蛙不挑食，能吃得下的都會吃呀！

　　大部分的青蛙雖然有圓滾滾的大眼，不過視力並不好，只對會動的東西有反應，而且蛙類的嘴巴還算大，所以比牠嘴巴小的東西大多吞得下去，因此他們肚子餓時，如果剛好有個倒楣的小動物恰巧經過，青蛙一定會冷不防的馬上吞下去，才不管那是什麼咧。

　　根據牠們的生活環境，可以推測出蛙類的食物大致是螞蟻、果蠅之類的小型昆蟲，還有夜晚趨光的蛾類、爬出土壤的蚯蚓、水池的小魚苗等，有些大型的青蛙甚至會捕食比較小型的蛙類，至於知名的外來種美國牛蛙，因為體型實在太大了，而且食量又大，幾乎什麼都會吃下肚。

　　有些種類的青蛙有牙齒，但也僅僅只有上顎的部分，而且牙齒只有固定食物防止脫落的功用。其實具有黏性的舌頭才是真正捕捉食物的武器，舌根位於口腔的前端，平常收在嘴巴裡，要覓食的時候會快速的外翻，將食物黏回嘴裡咬著，再慢慢的吞下去，遇到較大型的食物吞不下去時，也會用前肢來輔助吞食，在吞食的時候，常常可以看到牠們用力眨眼睛，主要是運用眼睛擠壓食物以幫助吞嚥，所以青蛙吃東西是蠻辛苦的，不過為了生存也是不得已呀。

　　至於少見的山椒魚呢？因為平常幾乎都躲在石頭底下或者土壤裡，所以覓食的種類大多是無脊椎的動物，例如昆蟲、蛞蝓、蚯蚓等，覓食的方式也跟青蛙很類似，主要靠的都是舌頭。

吞嚥的時候會用力眨眼睛，利用眼球將獵物往胃裡面壓下去。

用舌頭沾黏成功之後，就會直接送進嘴巴，小型獵物就直接吞掉了。

中小型的蛙類吃東西都會瞄準獵物，然後張開嘴巴用舌頭去沾黏。

下過雨後蚯蚓通常都會出現在路面上，
蟾蜍會把握機會大快朵頤，因為蚯蚓是
牠們很喜歡的食物。

就算是比較大型的獵物，也會先用嘴巴咬著，沒多久就吞下去了。

趨光而來的蛾類也是蟾蜍喜愛的獵物之一。

忍者
隱身術

莫氏樹蛙大腿內側的紅皮膚不是保護色，
而是遇到危險的時候會張開雙腿，讓敵人
感到混淆迷惑，再趁機逃跑。

剛開始觀察青蛙時，記得有一次在內湖的郊山上，在一片葉子上發現了一隻灰色的樹蛙在睡覺，看了半天看不出所以然，帶著有點興奮的心情猜想：「這該不會是新種吧！」。後來因為大學社團展覽的需要，我抓了兩隻面天樹蛙回家飼養觀察，準備活動展示用，某天大白天裡就發現牠們的體色居然變得很灰白，這時我才發現，當時遇見的可能就是變色的面天樹蛙或是艾氏樹蛙吧！

事實上青蛙的皮膚很有趣，牠們有多變的色素細胞，可以隨著光線和溫度改變顏色，高溫光亮的環境，青蛙的體色會變淺，低溫昏暗的環境，青蛙的體色就會變深，同時牠們的皮膚也會隨著環境的顏色而改變，以達到隱身術的效果，所以每當青蛙不鳴叫時，真的很難發現牠們。

下面有幾張照片，青蛙正使用隱身術躲避天敵的追擊，試著找出牠們在那裏，挑戰一下自己的眼力吧。

一隻莫氏樹蛙藏在落葉堆裡，你看到牠了嗎。

莫氏樹蛙 *Rhacophorus moltrechti*

台北樹蛙 *Rhacophorus taipeianus*

白天睡覺的時候，青蛙的體色都會變淺，然後後前肢收在下巴裡窩著睡，這樣的姿勢可以減少水分的散失，我們稱它為保水姿勢。

窩到櫃子裡睡覺的褐樹蛙，體色變得跟櫃子很接近，以取得良好的隱蔽性。

在姑婆芋上睡覺的褐樹蛙，雖然不能變成綠色，但還是變成淺淺的灰白色。

褐樹蛙 *Buergeria robusta*

在砂石地棲息的日本樹蛙，顏色就會變成灰黑色，與環境融為一體，讓我根本沒發覺牠，直到走過去牠跳了起來，我才發現了牠。

日本樹蛙 *Buergeria japonica*

▲ 有一隻日本樹蛙藏在畫面右側，找找看吧！

背上有一個小跨弧圖案的黑蒙西氏小雨蛙藏在這張圖裡，找找看在哪裡吧！

何處
是我家

擋土牆裡有流水的排水管，除了爬蟲類會利用
之外，很多兩棲類也很喜歡棲息在這樣的環境
，甚至台北樹蛙還會將卵泡產在類似的地方。

要去別人的家裡拜訪，總要打聽好住址才能前往，探訪兩棲類也是一樣，必須要先了解牠們的棲地，才有機會找到牠們。

兩棲類生活的環境，基本上脫離不了水，因為牠們的皮膚沒有角質層，所以水分蒸散得很快，為了讓皮膚能夠有效的呼吸，所以潮濕有水的環境是牠們最喜愛的，當然有些種類就很直接，幾乎終年都待在水裡，所以長年有水的環境便是牠們選擇的棲地，例如腹斑蛙、古氏赤蛙等，而一般的水桶、池塘也都容易發現牠們的蹤影。不過台灣大部分的蛙類，則選擇在水域附近生活，平常都在石頭底下或是葉子上休息，繁殖或覓食時才會跑出來，例如翡翠樹蛙。有些種類在繁殖季時，也會在土壤裡面挖洞棲息，例如台北樹蛙。當然角質化比較多的蟾蜍，水分不易蒸散，所以常看見牠們在離開水域很遠的地方生活，甚至還會在晚上的時候跑到路燈下，等候捕食趨光的蛾類。

兩棲類是會隨著環境而改變體溫的變溫動物，每個種類也有自己可忍受的溫差範圍，加上牠們遷移的能力一般都並不是很好，所以常常出現局限分布的狀況，例如豎琴蛙現今只分布在南投的蓮華池，台北樹蛙分布在台灣中部以北，而翡翠樹蛙則只分布在北部，史丹吉氏小雨蛙則是中部以南。

翡翠樹蛙 *Rhacophorus prasinatus*

翡翠水庫周邊地區的菜園，灌溉用的水桶常常都是翡翠樹蛙的家，曾經有一年觀察到同一隻翡翠樹蛙居然利用這個水桶長達半年以上，白天躲在裡面睡覺，晚上在水桶周邊鳴叫。

中高海拔山區的水溝，水質通常也夠
乾淨的話，很容易就可以見到梭德氏
赤蛙在水溝裡活動。

▼ 夜間的路燈底下，常常見到盤古蟾蜍爬來尋找食物。

▼ 往烏來的公路邊，只要有山澗的積水處，常常都可以發現日本樹蛙趴在那裡鳴叫。

由於這隻翡翠樹蛙定居的關係，牠成為我們定期觀察的好夥伴，大家常常去看牠，還圍著牠拍照，牠也不逃走，頗有明星的架式。

台北樹蛙 *Rhacophorus taipeianus*

▲ 台北樹蛙喜歡在水溝邊泥土
軟厚的地方挖洞築巢。

這樣有森林的水
域環境，蛙的多
樣性會很好。 ▶

像這樣林相豐富、濕氣又重的林道，晚上青蛙都會移到兩邊的路旁活動，有些甚至直接在路上覓食休息。

水域周邊突起的木頭，常常有青蛙躲在附近棲息。

會跳不會走

青蛙背部的薦椎突起，是加強跳躍能力的關鍵，因為裡面的骨骼構造是可動的關節，跳躍時可以幫助青蛙身體的伸展以加強衝力。

　　「一隻青蛙一張嘴，兩隻眼睛四條腿，撲通一聲跳下水；兩隻青蛙兩張嘴，四隻眼睛八條腿，撲通撲通跳下水。」這是一首大家耳熟能詳的民謠，也很具體的描述了青蛙的特徵，以及他們的活動能力，至於為什麼不走下水，一定要用跳的，我們就從演化來說起。

　　兩棲類算是地球上脊椎動物第一批登陸的試驗者，因此他們的四肢構造都是比較原始的狀態，幾乎只能腹部平貼地面爬行，無法快速移動。每當食物出現或是天敵來襲時，爬行的速度太慢，幾乎是兩棲類致命的缺點，所以他們的身體結構慢慢改變成適應跳躍的模樣，後肢變得修長，平常則摺疊在一起，像是

彈簧一般收著，移動時只要用力一蹬，就可以跳出他們體長數倍的距離，而前肢則演化成又粗又短，負責落地時的緩衝，好讓自己不致受傷。

　　為了加長跳躍的距離，腰部附近的骨頭還有可動的關節，那就是薦椎的構造，每當青蛙奮力一跳時，後腿往後一伸，身體跟著拉長，這樣可以增加前衝的力道，就可以跳得更遠了。不過跳躍這項優點，在蟾蜍身上就完全看不到了，因為他們的身體比較重，四肢也不修長，所以不善於跳躍，用力一蹬也跳不遠，乾脆用爬的，幸好蟾蜍皮膚有特化的毒腺，所以天敵也不太敢捕食他們，算是足以彌補無法遠跳的小遺憾。

樹蛙雖然具有不錯的跳躍能力，但除非在樹與樹之間的移動，否則平常在樹上還是以爬行為主。

蟾蜍的四肢肥短，不擅跳躍，平時以爬行為主，但遇到危急的時候，牠們還是會用後腳用力一蹬，用小彈跳的方式逃跑。

修長的後肢平常都摺疊在腰側，這樣的構造十分類似彈簧，只要奮力一跳，可以跳得非常遠。

大部分青蛙的後肢幾乎都跟體長差不多，有些種類甚至還超過體長。

請別來找我

青蛙對於蛇類來說是相當容易取得的食物來源，因此蛇類捕食青蛙的戲碼天天都在上演。

下過雨的夜晚，常見到青蛙跑出來覓食，或者是繁殖季節的時候，青蛙通通跑出來求偶，這時就是蛇類捕食青蛙的大好時機，所以常常有人說：「有蛙的地方就會有蛇。」，因為這就是息息相關的食物鏈效應，而蛇類自然而然也成為青蛙最主要的天敵。

當然會捕食青蛙的不只是蛇類，早期觀察時曾經也看過大型的蜘蛛捕食小型的蛙類，只見牠們迅速的衝過去咬住，毒液一注射下去，青蛙就幾乎動彈不得。不過這樣的狀況當然比較少見，當時

很可惜沒有留下照片紀錄。除此之外，青蛙的天敵真的多到數不清，基本上只要是肉食性而且比青蛙大型的動物，通通都可能會捕食牠們，畢竟青蛙算是食物鏈裡比較底層的消費者，自然而然就成為上層消費者的食物來源。

那蝌蚪及卵呢？命運就真的很悲慘了，不僅彼此間會互相競爭，生活在共同水域的水生昆蟲、魚蝦類幾乎都會捕食牠們，所以必須以量取勝，或者乾脆選擇暫時性水域來繁衍下一代，即便是生存不易，牠們還是得要把握住任何的一

絲希望。

　　不過遭到天敵捕食是生物界很正常的現象，青蛙也不致在這樣的生存競爭中滅絕，但牠們現在面臨最大的危機其實是環境變遷與人為的破壞，臭氧層越來越薄，強大的紫外線使得牠們的數量大幅減少，還有就是雨林的開發與破壞，棲地消失了，當然無法下蛋，沒有下蛋又何來下一代呢？山區過度開發的公路，也常讓牠們淪為輪下亡魂，而人類的捕食也曾經讓部分的大型蛙種被公告為法定的保育類動物呢！

赤尾青竹絲除了定點伏擊之外，在青蛙繁殖季時，也會主動跑到水域附近尋找獵物。

貢德氏赤蛙曾經因為捕食的壓力而成為保育類動物。

蜻蜓的稚蟲水蠆是蝌蚪的主要天敵，因為牠們常常在狹小的水域相逢，蝌蚪想躲都躲不掉。

每次在路邊看到慘死的青蛙都會很不捨，因為牠們可能是為了要繁殖才會冒險橫越馬路，一旦死亡就前功盡棄了。下次晚上在山區開車時，車速記得要放慢，禮讓動物過馬路。

蝌蚪想游到水邊休息時也要特別注意，因為蜘蛛會埋伏在水邊等待牠們的出現。

下過雨的夜晚，路邊常常見到動物的屍體，不僅僅是青蛙而已，馬路對動物來說都是危機四伏的。

同是夜間活動的貓頭鷹，也是知名
的青蛙殺手，捕捉到蟾蜍時還懂得
剝下牠們的皮以避免中毒。

Chapter 6
生態面面觀

橙腹樹蛙不僅外形美麗，也是很會擺姿勢的模特兒，難怪大家對牠如此著迷。

原始林的夢幻逸品

隨著數位攝影的發展，越來越多的人開始使用數位相機來記錄自然生態，而討喜的兩棲類自然也成為大家眾所矚目的追逐目標，台灣已記錄到的38種兩棲類，或許真追逐幾個月，就可以全部拍過一遍了，而蛙友們也常常戲稱拍完之後要辦桌請客，所以最後一隻記錄到的青蛙，我們通常都會稱牠為「辦桌蛙」。我的辦桌蛙是斑腿樹蛙，因為牠是最新紀錄種的兩棲類，但對於大部分的蛙友來說，我想很多人的辦桌蛙，應該就是台灣最夢幻的樹蛙——橙腹樹蛙。

2006年的夏天是我第一次計畫去利嘉林道朝聖，目標當然就是可愛的小紅唇啦，不過在出發的幾個禮拜前，荒野保護協會的夥伴告訴我一個消息，就是烏來發現橙腹樹蛙了。起初我以為是在哈盆地區發現的，那就不算稀奇了，沒想到居然是在烏來的信賢地區，這就很有趣了，因為這是以前沒有記錄過的地方，所以引發了我的興趣。懷抱著探索的心情來到這個陌生的地方，這裡海拔高度接近1000公尺，所以就算是夏天的午後

依然很涼爽，不時還會傳來莫氏樹蛙的叫聲，感覺是一個很棒的地方，我開始期待著。天黑了，青蛙的叫聲也跟著此起彼落，我迫不及待的往原始林走去，莫氏、翡翠、艾氏、面天的叫聲不絕餘耳，獨獨就缺了橙腹！抱著期待的心情上山難免大失所望，只是我還是不放棄的繼續搜索，終於在低矮的一片蕨葉上，看到了一隻有點大型的綠色樹蛙，仔細檢視了身上的特徵，應該就是橙腹樹蛙了，當下的我只聽得到心臟的跳動，因為真的太開心了。事實上並不是牠沒有鳴叫，而是我沒聽過牠們鳴叫的聲音，所以在一片蛙鳴中被我忽略過去了。

爾後的幾年，我都會固定在這個區域尋找橙腹的蹤跡，幾年下來雖然都能順利找到成體，不過卵泡及幼生期至今還沒有發現的紀錄，但棲地開發的狀況已經漸漸接近這林子了，真擔憂這裡的未來，此外也替這些數量稀少的樹蛙感到擔憂，牠們會消失不見嗎？還是會遷往更深的林子？希望牠們能世世代代在此快樂生存，而有生之年當然也會持續記錄牠們。

在利嘉林道第一次見到的橙腹樹蛙，為了等牠鳴叫，我將身體靠在約30度的陡坡上，等了整整20分鐘才拍到牠鳴叫。

體側的白線延伸至下嘴唇的吻端會斷裂不連續，所以外形就像是塗了紅色嘴唇一樣討喜可愛。

招牌的紅肚子以及墨綠的背部，看起來就好像一顆對切的紅心芭樂，所以也有蛙友會這樣稱呼牠。

橙腹樹蛙 Rhacophorus aurantiventris

森林裡面除了有橙腹樹蛙之外，也有為數不少的翡翠樹蛙在此區域生活，而且適應的程度很好，數量很多。

雖然棲地隱密在林子裡面，但這幾年外圍的開發正緩緩的逼近，這些可愛的青蛙未來命運仍然有很多的變數。可以同時在一個棲地裡見到翡翠樹蛙、莫氏樹蛙跟橙腹樹蛙真的是一件很幸福的事，希望這裡可以永永遠遠保留下來。

翡翠樹蛙 Rhacophorus prasinatus

莫氏樹蛙
Rhacophorus moltrechti

森林的底層是莫氏樹蛙跟面天樹蛙的天下，到處都是牠們的鳴叫聲，此起彼落，好不熱鬧。

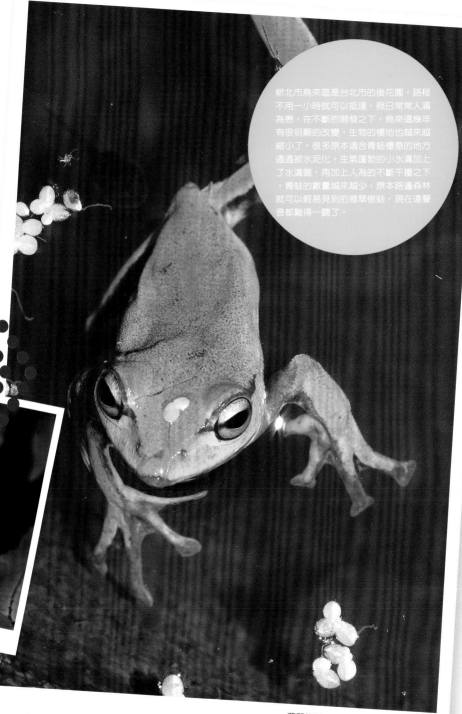

新北市烏來區是台北市的後花園，路程不用一小時就可以抵達，假日常常人滿為患，在不斷的開發之下，烏來這幾年有很明顯的改變，生物的棲地也越來越縮小了。很多原本適合青蛙棲息的地方通通被水泥化，生氣蓬勃的小水溝加上了水溝蓋，再加上人為的不斷干擾之下，青蛙的數量越來越少，原本路邊森林就可以輕易見到的翡翠樹蛙，現在連聲音都難得一聽了。

翡翠樹蛙 *Rhacophorus prasinatus*

我很醜，
可是我很溫柔

清朝文人沈復在他著作的『浮生六記』裡有一篇兒時記趣，提到一段有趣的觀察經驗：「一日，見二蟲鬥草間，觀之，興正濃，忽有龐然大物，拔山倒樹而來，蓋一癩蝦蟆也。舌一吐而二蟲盡為所吞。余年幼，方出神，不覺呀然驚恐。神定，捉蝦蟆，鞭數十，驅之別院」，這段文字清楚的描述蟾蜍覓食的過程，也說明了當時的人對於蟾蜍印象並不好，所以將蟾蜍抓起來丟了出去。

端午節有一句民諺說：「端午節，天氣熱，五　毒醒，不安寧。」，說明了五月是五毒開始活動的季節，所以也就有了驅五毒的習俗，而五毒其中的一毒就是蟾蜍，所以蟾蜍在以前就不受歡迎，有毒的印象加上不討喜的外形，即使是現在，大家討厭牠們的情況依舊不變。

事實上，蟾蜍真的這麼惹人厭嗎？我覺得慢慢瞭解牠們之後，應該會發現不是這麼一回事，雖然人類只要不吃下蟾蜍就沒有致死的風險，不過現今社會應該也沒人會把蟾蜍當食物吃掉吧。再來就是蟾蜍有幾種的防衛機制，當牠們察覺敵人要靠近的時候，牠們會吸氣把身體鼓起來，以壯大自己的身體來威嚇敵人，或者牠們也會從肛門口噴出水分，非不得已，牠們是不會排出身上珍貴的毒液，所以平常遇見蟾蜍，其實是可以把牠抓起來觀察的，觸摸一下皮膚特殊的質感，看看牠滿臉無奈的樣子，只要不要用力捏牠都不會有事。就算不小心讓牠的毒液分泌出來，只要不沾到眼睛或者傷口，並且趕快用水清洗乾淨，事實上是不會造成什麼傷害的。

蟾蜍是我們帶領夜間觀察活動的好夥伴，就算是白天也很容易遇到，跑不快又安全，而且也可以帶給大家深刻的印象，這麼好的朋友怎麼可以不認識牠呢！也期望大家能夠對牠的印象改觀，讓「鞭數十、驅之別院」這種事只留在以前的故事裡，請大家別再這樣對待牠們了。

黑眶蟾蜍 Bufo melanostictus

黑眶蟾蜍常在近郊的公園校園出現，是自然觀察的好夥伴。

近看蟾蜍你會發現，其實牠們只是
表情嚴肅一點罷了，長得一點都不
可怕，看久了還會有一點點喜感。

蟾蜍遇到攻擊時，會吸氣鼓起
身體壯大氣勢，非必要的時候
並不會分泌毒液。

黑眶蟾蜍 *Bufo melanostictus*

眼睛後方的耳後腺是蟾蜍
獨特的特徵，也是分泌毒
液的地方。

▲ 繁殖季時會大量出現，所以會讓人有種噁
心的感覺，加深人們對牠的壞印象。

雖然是五毒之一，其實牠們跟大部
分的青蛙一樣也是膽小鬼，一有風
吹草動就會趕快趴下。

後山
的雨怪

過完春節假期沒多久，只要有下雨的日子，中
國樹蟾就會開始甦醒，迎接牠們新的一年。

老祖宗們是很有智慧的，他們根據觀察氣候而訂出二十四節氣，幾千年來都是農民耕作的依據，到現在依然是如此，而節氣雖然指的是氣候現象，不過卻也可以當作觀察生物的時間表，就算近幾年氣候變遷環境有些改變，但還是可以當作一個參考的依據。

節氣裡的驚蟄，指的就是「春天到，春雷響」，那些冬眠或者躲起來的動物，都被春雷叫醒而出來活動，在我家的後山就有一種跟著節氣活動的青蛙—中國樹蟾。

記得第一次觀察到中國樹蟾是在台北三峽的建安國小，那時候在辦兒童營隊的培訓，上課上到一半時，外頭忽然下起了大雨，此時花圃開始出現劇烈的鳴叫聲，下課時間循著聲音去找，一下就找到了，綠色小巧的身體讓我印象深刻，也對這隻小精靈十分著迷，即便是從住家騎車到國小約需一小時左右的車程，我也心甘情願。不過有一次不是下雨天的日子，到了那裡，怎樣也聽不到樹蟾的叫聲，靈機一動水管接上水龍頭開始狂灑水，十分鐘過去了，花圃開始出現一點點小積水，但始終沒有叫聲，於是只好放棄了。這次的經驗也讓我瞭解，溫度及濕度的整體變化才是影響牠們鳴叫的關鍵。

某個春天的晚上，我從便利商店回家的路上，覺得自己耳邊聽到了樹蟾的叫聲，仔細一聽好像是從後山的方向傳來的。後山的環境是一個傳統沒規劃的墓園丘陵地，有一部分地是種菜的

菜園，這樣的環境生態好嗎？我鼓起勇氣回家拿手電筒走了上去，越走近聲音越大聲，果然在菜園的棚架上發現了幾隻個體，同時還發現了小雨蛙、拉都希氏赤蛙等近郊常見的蛙種。原來在住家附近觀察還滿有趣的，雖然是在墓園的環境，不過如果物種的多樣性夠多的話，心中的恐懼感自然而然也會消失了。

這幾年只要是春天的驚蟄時分，我就會抽空到家裡的後山持續觀察，記錄這裡的變化，發現這裡的樹蟾密度真的是很可觀，只要是下雨天，牠們的鳴叫聲都是震耳欲聾，抱接、鳴叫、打架更是常常可以記錄到的生態行為，2011年我還首次在這裡記錄到外來種的斑腿樹蛙，可見這一種強勢蛙種正以不可思議的速度在台灣擴散。

每逢下雨的日子，中國樹蟾都會賣力的鳴叫，鳴囊鼓漲得非常大。

數量龐大的雄蛙，領域性又強，常常會出現棋逢敵手的局面。

一邊打架，還一邊做出高難度的動作，只靠雙腳的吸盤就能
牢牢地抓住上方，讓我邊拍邊吃驚。

打輸的那方被扯了下來，只能一直叫聲求饒。

Hyla chinen

其實弱視的青蛙為了要交配，任何可能是對象的生物
都會緊抓著不放，所以才會出現這樣的局面，緊緊抓
著不放手，被抓的那一方也要想盡辦法掙脫。

被抓的那一方已經順利掙脫了，只見牠後肢一
拉就將自己的身體拉上去，看來青蛙不僅是跳
遠高手，做高難度的體操動作也難不了牠。

除了摔角之外，牠們還有角力的項
目，看來中國樹蟾真的是一位運動
高手，能跳、能拉又能摔。

牠們打架盡是做一些高難度動作，越看越有趣。

好不容易配對成功，就會趕緊到水域邊等著產卵。

像這樣兩隻緊抱在一起，可能周遭聲音吵到連釋放叫聲都聽不到了。

2011年在我家後山第一次記錄到斑腿樹蛙，但我一點開心的感覺都沒有，畢竟牠是強勢的外來種，對於整體環境的影響還要再多觀察。

下過雨後的隔天，在我家後面的菜園可以很輕易發現中國樹蟾的卵，而我也喜歡就近觀察牠們。

雲霧帶的
山中精靈

楚南氏山椒魚是我看過
最多次的山椒魚。

台灣的兩棲類其實還有一群少有人關心的山椒魚，當然不是因為牠不夠可愛啦，而是因為牠們分布的海拔極高，最低也都要1500公尺左右，最高則是出現在海拔約3500公尺的南湖大山圈谷。而且山椒魚的棲地都很隱密，範圍也很破碎，通常都呈點狀分布，畢竟這種生物很不耐高溫，對水質又有一定的要求，移動的範圍也不會太遠，所以颱風帶來的土石流可能就會讓整個族群不見了，所以能夠記錄到這種山中珍貴的精靈，真的是一件很幸運的事。

台灣的山椒魚目前有5種，第一種是我在2009年初於拉拉山發現的觀霧山椒魚，當時一點經驗也沒有，也不知道要從何找起，好在有朋友指點，讓我順利抵達棲地並開始尋找，終於在快要放棄之前找到牠，也成功記錄到我的第一隻山椒魚。同年的6月，面試上了農委會特有生物研究保育中心高海拔試驗站助理的工作，來到工作站的第二天就遇到呂光洋老師團隊來調查山椒魚，有這樣的機會當然不能放過，當天也順利在合歡山記錄到我的第二種楚南氏山椒魚。之後8月的某個休假日，一如往昔我前往中橫拍蝴蝶，結果遇到許久不見的朋友們也上山來拍蝶，中午休息時大家提議前往翠峰地區尋找山椒魚，一想到可以下山去便利商店採購又可以拍山椒魚，何樂而不為？當然馬上一口答應，一行五人走了好長的一段林道，也在棲地找了許久，好險沒有空手而歸，找到了一條超迷你的台灣山椒魚幼魚，也順利記錄到我的第三種山椒魚。隔年因緣際會我接到了一件拍攝山椒魚的案子，終於有機會到塔塔加地區記錄我的第四種阿里山山椒魚，不過很不巧的整段新中橫公路都在施工，所以找不到合適的棲地，只好死馬當活馬醫，挑了一條乾枯的小溪澗就開始動手找，很幸運的，隻身前往的我，不到五分鐘就找到了一條漂亮的成體，我也成功的完成拍攝任務。

截至目前為止，不擅長爬高山的我，仍然找不到機會一親南湖大山的芳澤，所以還是獨獨缺了這一種南湖山椒魚，寫完書之前都沒機會記錄到，讓這本書也留下了一點小小的遺憾，著實可惜，不過有朝一日我還是會上去圈谷看看，為了我喜愛的兩棲類勢必一定要走上一趟的旅程。

觀霧山椒魚 Hynobius fuca

▲ 觀霧山椒魚是我發現的第一隻山椒魚，記得當時尋找牠像是大海撈針一樣，所以至今都還記得找到牠的感動。

台灣山椒魚 Hynobius formosanus

▶ 台灣山椒魚的微笑，起初我見到山椒魚的照片都覺得就是一隻濕濕黏黏的蜥蜴，但實際觀察才發現牠們的表情真的超可愛，從正面看好像在對我們微笑一樣，非常的平易近人。

山椒魚棲地的氣溫通常都很低，空氣也比較稀薄，觀察牠們是相當辛苦的事。

觀霧山椒魚 *Hynobius fuca*

阿里山山椒魚 *Hynobius arisanensis*

山椒魚的體型會隨著海拔高低而有所不同，通常海拔越高者因為天敵較少，體型會比較大，而分布海拔最低的觀霧山椒魚則是全台灣最小型的山椒魚。

山椒魚的後肢肥短，只能腹部平貼著爬行，而後肢的趾數也是辨認種類的關鍵特徵之一。

阿里山山椒魚 *Hynobius arisanensis*

阿里山山椒魚是我第一隻獨立找到的山椒魚，為了牠我在塔塔加待了三天，其間午餐還被獼猴偷走兩次。

蓮華池
的音樂大賞

　　位於南投縣魚池鄉的林業試驗所蓮華池試驗中心，因為有完善的保護及規劃，當地的兩棲多樣性堪稱全台之最，記錄超過20種的兩棲類，其中最引人注目的就是豎琴蛙，這種蛙類只分布在這裡，而且數量也曾經被估算只剩下50隻左右，堪稱是台灣蛙類最珍稀的種類。

　　初次來到蓮華池，對於這裡的印象並不好，畢竟沿路滿是檳榔園，怎麼可能會有豐富的生態呢？不過直到進入蓮華池中心，印象才完全改觀，原來這裡保留了完整的生態系，難怪生態會如此豐富，加上各式各樣的棲地類型都有，可以孕育這麼多種類的青蛙，一點也不讓人意外。這裡最棒的觀察點應該就是木屋教室附近的生態池，5月的晚上在這個池子邊，可以聽到莫氏樹蛙、腹斑蛙、豎琴蛙、黑蒙西氏小雨蛙、白頷樹蛙等的合唱，其中豎琴蛙的聲音真的很引人注意，畢竟全台灣沒有一隻青蛙叫聲跟牠類似，只可惜木屋教室附近並不是豎琴蛙的穩定棲地，常常聽不到牠們的叫聲。

　　事實上，蓮華池某處的沼澤才是牠們真正安身立命的地方，在那一塊穩定的棲地裡，傍晚時分就可以聽到牠們此起彼落的叫聲，不過此地的草長得很高，豎琴蛙又有挖洞繁殖的習慣，所以常常只是聞其聲不見其蛙，而且如果親自踏入沼澤，深陷泥沼不說，踩壞牠們的土巢才是真正事情大條，因此為了保護這種在台灣快要絕跡的蛙類，減少干擾牠們的棲地是我唯一能做的事。

　　蓮華池還有一個很有趣的地方，就是樹上掛了很多鳥類的巢箱，那些巢箱常常都是貓頭鷹在利用，因此晚上不妨也好好觀察這一類可愛的猛禽，整體而言，4、5月的蓮華池真是很適合夜間觀察的地方，此起彼落的蛙鳴相伴，又可以看到沿途閃爍的螢火蟲，連難得一見的貓頭鷹也很容易看到，這樣一趟旅程真的是收穫滿滿呢！

岸邊的植物體上常常會聽到莫氏樹
蛙高聲的鳴叫，仔細一看，牠的鳴
囊上面還有黏著一隻螞蟥。

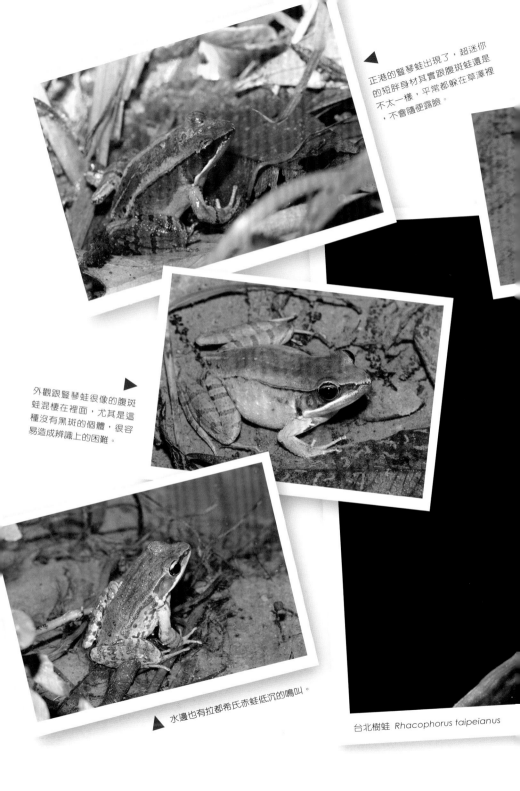

正港的豎琴蛙出現了，超迷你的短胖身材其實跟腹斑蛙還是不太一樣，平常都躲在草澤裡，不會隨便露臉。

外觀跟豎琴蛙很像的腹斑蛙混棲在裡面，尤其是這種沒有黑斑的個體，很容易造成辨識上的困難。

水邊也有拉都希氏赤蛙低沉的鳴叫。

台北樹蛙 Rhacophorus taipeianus

蒙西氏小雨蛙在蓮華池有很大的族群。

附近的森林有很多巢箱，多半是貓頭鷹在利用，而且夜裡貓頭鷹的聲音真的不絕於耳，可能是食物來源十分充沛，連貓頭鷹都喜歡待在這裡。

可愛的台北樹蛙，據說分布的最南限就是南投的蓮華池，來到這裡還是不時聽到台北樹蛙親切的叫聲。

體型超大的牛蛙，在野外一定會很強勢，這樣的外來種必須好好監控才行。〔黃微媄攝〕

Chapter 6
生態面面觀

POINT 06

外來不是客

有朋自遠方來，理當好好招待，這是待人處事的基本禮貌，不過這一點可不適用於外來的遷徙物種，因為有限的棲地環境，如果人為操作改變物種的種類及數量，這樣很有可能會增加不同物種間的彼此競爭，而外來物種過於強勢的話，甚至可能會使得原生物種消失，改變棲地的生態結構，這樣結果絕對不會是大家所樂見的。

台灣的兩棲類多樣性，因為外來種的加入，被迫增加了3種，這3種分別是牛蛙、花狹口蛙及斑腿樹蛙，其中牛蛙是由養殖場引進的，主要是用來食用，次要則是為了滿足宗教團體放生的需求，但養殖的過程中不幸讓牠們逃脫了，再加上宗教團體在各地放生，使得這種強勢的物種在台灣定居下來。雖然一旦野外發現牠們的蹤跡，蛙友都會通報相關單位然後加以捕捉，不過近幾年還是持續的放生或者棄養，2011年更發生地方政府為了維護生態池的生物多樣性而放流牛蛙的事件，雖然至今牛蛙在台灣野外還是難得一見，不過也難保族群不會在台灣迅速的繁衍。

另外一種花狹口蛙進入台灣的原因，推測是引進原木時不慎帶入台灣境內，當牠被發現的時候，已經在台灣南部穩定的安居了，最初只在高雄一帶，不過近幾年也慢慢擴張到高雄市與台南市交界的位置，雖然目前對於台灣兩棲類的生態沒有造成明顯的衝擊，不過再持續往北的擴散下去，難保不會造成影響，所以還是要小心謹慎的觀察才行，好在南部的蛙友一直持續觀察追蹤，目前至少還能掌握牠們行蹤。

最後一種是近幾年才快速散佈的斑腿樹蛙，引進的原因推測是彰化田尾的水草商人在向國外採購水草時意外引進的，可能水草夾帶卵泡或者根部有纏住的蝌蚪，而國內水草的買賣也陸續引進到台中、桃園、台北等地，2010年首次在台北八里的挖仔尾地區記錄到，沒想到2011年就擴散到台北五股的觀音山區了，擴散速度之快難以想像，可能跟牠們體型較大、遷徙能力佳有關，而且蝌蚪對於水質的適應力也超乎想像的好。

外來的不是客，針對的是外來種，不過2006年卻發生了一件很有趣的事情，台北新店的四崁水地區，居然被人移入了南部的諸羅樹蛙，雖然四崁水的青蛙又多了一種，不過基於維護生態鏈的平衡，還是迫不得已將這些可愛的蛙兒移除掉，直到2008年四崁水的諸羅樹蛙數量變得非常少，但偶爾還是可以聽得到聲音，我想幾年後，這個族群應該會徹底消失吧。

農場的水池裡，滿滿的都是牛蛙，看起來有點可怕，好險這樣的場景目前在野外還沒出現。

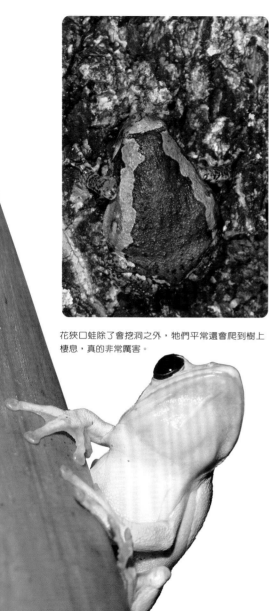

平常都棲息在裡面，到了晚上才會爬出來活動。

花狹口蛙除了會挖洞之外，牠們平常還會爬到樹上棲息，真的非常厲害。

花狹口蛙後腳的突起就是牠們挖洞的武器。

短暫在新北市新店區四崁水出現的諸羅樹蛙，經過移除之後，現在當地的族群應該已經消失不見了。

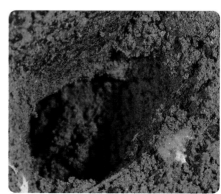

花狹口蛙挖的洞穴。

斑腿樹蛙擴散的速度遠超乎想像，去
年在相距約3、4公里的地方發現，沒
想到隔一年就在我家後面出現了。

現在林務局計畫對斑腿樹蛙做監測，並定期
到棲地做移除的動作。

斑腿樹蛙 *Polypedates megacephalus*

消失的
濕地精靈

台北赤蛙早期遍布台灣西部的水田，現在
則只剩下零碎的棲地，可能是農藥的使用
以及農田的開發，迫使牠們無家可歸。

說起樹蛙討喜的模樣，大家一定都很喜歡，可是講到赤蛙的印象，大家可能就會聯想到腹斑蛙或者貢德氏赤蛙趴在池塘裡的樣子，但事實上台灣還有一種珍貴的小型赤蛙，那就是台北赤蛙，纖細的體型、漂亮的花色，將牠們稱為台灣最美的赤蛙一點都不為過。而台北赤蛙之所以叫台北，並不是牠只分布在台北，事實上牠們的分布區域為台灣西半部以及整個中國的華南地區，種名叫做台北的原因是因為那是模式標本的採集地，不過台灣由於農地的大量開發以及農藥的使用，台北赤蛙的命運已經岌岌可危。

現在台北赤蛙在台灣大約只剩下四個大範圍的棲地，包括台北的三芝及石門、桃園的楊梅、台南的官田及屏東的內埔一帶，棲地破碎零散，加上面臨開發的壓力，使得這種青蛙的數量越來越少，除非特別加以保護，不然族群數量很難穩定。2004年時，我在台北石門的阿里磅農場參加培

訓，那裡有很多水塘，提供台北赤蛙穩定的棲地，因此晚上很容易觀察到牠們，小巧玲瓏的體型，站在荷葉上小聲的鳴叫，讓人印象深刻。隔年的夏天，我跑去探訪位於台北三芝的另外一塊棲息地，第一次有機會近距離觀察到牠們。

初次來到三芝的棲地，想說只要找到水田就可以看到台北赤蛙了，沒想到整個地區滿滿的水田，到底那一個才是真正的棲地呢？繞來繞去遍巡不著，直到拖著疲累的身體坐在池塘邊休息，耳朵才傳來小小聲的台北赤蛙鳴唱，原來，平心靜氣的觀察才會有敏銳的注意力，太過於浮躁又走來走去的，很容易忽略了叫聲十分纖細的台北赤蛙。

其實這裡的水田是觀察赤蛙的天堂，連北部少見的虎皮蛙都有機會記錄到，旁邊的芭蕉樹上也經常可以聽到中國樹蟾的叫聲，到這裡觀察千萬不能錯過，不過記得別太忘情才行，以免不慎落水就糟了。

他們喜歡趴在水草上面泡水、鳴叫，綠色的體背讓他們藏匿在環境中不易被發現。

類似這樣乾淨的水域，是台北赤蛙最喜歡的環境，可惜現在要找到這樣的棲地已經不太容易了。

夜間觀察筆記

我喜歡用平視的角度觀察青蛙，這樣才可以看到牠們微微笑的表情。

想要觀察可愛的青蛙，事先收集情報當然是必要的，坊間關於青蛙的叢書有很多，詳細記錄台灣兩棲類的網站也不少，因此瞭解牠們出沒的季節、習性、棲息地是很重要的事，當然也要牢記牠們的蛙鳴聲，因為這將是能不能找到牠們最重要的關鍵所在。

事前出發的準備，其實不太需要複雜的裝備，手電筒、圖鑑、相機、雨鞋以及可有可無的MP3播放器就綽綽有餘了，早期為了方便觀察，都要揹著有蓄電池的大型手電筒，雖然亮度很高，可是續航力不足，約兩個小時之後電力就大減了，加上重量太重又不便攜帶，所以現在比較推薦使用的是LED的白光手電筒，又輕、亮度又高，一個晚上的觀察只要加帶一顆電池就足以應付整晚的需求，而且白色光源也比較不影響拍照時產生的色偏，所以現在都改用這種手電筒來做夜觀觀察，真的方便許多。

另外蛙類圖鑑是觀察必備的，可以當做辨識種類的參考依據，不過等到觀察得心應手了，就算不帶圖鑑也無所謂，畢竟兩棲類的種類不算太多，要全部記下牠們的特徵並不困難。再來，建議數位相機一定要帶著，因為這是快速方便的紀錄工具，即拍即得，對於疑問種也可以拍下來詢問其他人，平常也可以記錄牠們的生態行為，為自己的觀察留下影像紀錄是很重要的，早期因為沒有相機，所以錯過了很多精彩的畫面，現在想起來都覺得好可惜。

至於雨鞋，我想大部分的人都不喜歡穿，包括我在內，不過穿雨鞋其實真的很方便，而且建議要買及膝的雨鞋，不僅可以防水防土，對自己的腳也多一層的保護，畢竟青蛙多的地方，蛇類可能也多，多一層保護總是心安，甚至很多環境都要涉水，例如觀察溪流型的蛙類，穿雨鞋再適合不過了。這幾年我也習慣在手機裡儲存青蛙的叫聲，適時的播放可以增加牠們鳴叫的機率，平常拿來聽也能順便溫習一下牠們的叫聲，不然久久沒聽可是會生疏的。如果手機無法外播聲音，也可以帶一台小型的MP3播放器，建議可以再買一顆攜帶型的充電式喇叭，這樣效果會更好喔。

觀察青蛙請務必帶著尊敬的心意，畢竟牠們都是經過千錘百鍊、脫穎而出的佼佼者，而且牠們對於光影及聲音十分敏感，記得要壓低自己的身段，降低音量，這樣牠們才有機會在大家的面前大聲鳴唱喔！

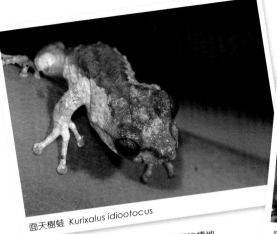

面天樹蛙 Kurixalus idiootocus

▲ 要觀察青蛙之前，一定要瞭解牠們的棲地、習性及季節，選定好天氣的日子前往，這樣才不致空手而歸。

阿里山山椒魚 Hynobius arisanensis

▲ 山椒魚也是因為微笑的表情，而讓我開始愛上牠們

春夏季的雨天是探訪諸羅樹蛙最佳的時間點，其他季節要見牠一面是非常困難的。 ▲

諸羅樹蛙
Rhacophorus arvalis

赤尾青竹絲 Trimeresurus stejnegeri

▲ 觀察青蛙的時候記得要小心蛇類的出沒，
要是被咬傷可就不好了。

褐樹蛙 Buergeria robusta

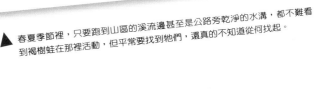

▲ 春夏季節裡，只要跑到山區的溪流邊甚至是公路旁乾淨的水溝，都不難看
到褐樹蛙在那裡活動，但平常要找到牠們，還真的不知道從何找起。

▲ 可愛的台北樹蛙很難不成為大家鎂光燈的焦點。

想找可愛的橙腹樹蛙就要選擇繁殖
季的時候前往，不然很可能都待在
高高的樹上棲息，也完全不鳴叫，
幾乎不可能找到牠。

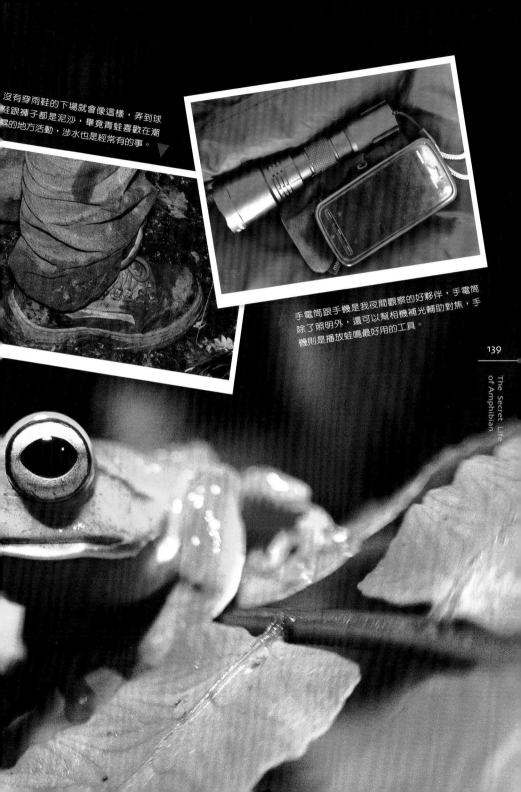

沒有穿雨鞋的下場就會像這樣，弄到球鞋跟褲子都是泥沙，畢竟青蛙喜歡在潮濕的地方活動，涉水也是經常有的事。

手電筒跟手機是我夜間觀察的好夥伴，手電筒除了照明外，還可以幫相機補光輔助對焦，手機則是播放蛙鳴最好用的工具。

台灣兩棲特攻隊

兩棲大閱兵

　　目前全世界的兩棲類超過6000種，其中以無尾目佔絕大多數，而且這幾年新發現的種類仍不斷在累計，台灣當然也不例外，近幾年也陸陸續續發表或者發現了新的兩棲物種紀錄，累計至今已有5種有尾目、33種無尾目，共計38種兩棲類。

　　在38種的兩棲類當中，其中特有種就佔了15種，比例超過三分之一，其中5種山椒魚皆是特有種，這跟地理區隔以及遷徙能力有很大的關聯性，而無尾目特有種的部分有人說是11種，不過沒有正確的學術認定時，我依然以10種當做參考，另外在分科方面，有學者認為是4科(把樹蛙科及叉舌蛙科併到赤蛙科裡)，也有學者認為是6科(赤蛙科又分出叉舌蛙科)，不過我採用的是目前大家比較習慣的5科當做參考。其實生物分類上，種跟種之間有區分就可以了，種以上的屬科目等，都是科學家根據外形、特徵、DNA序列等因素來做區分，所以不同學派都有不同的論調，因此種的分類對一般人比較用得上，至於分成幾屬或幾科等問題，就留給生物學家傷腦筋吧！

台灣兩棲類名錄 (2011年)

有尾目	《山椒魚科》

《山椒魚科》

阿里山山椒魚 *Hynobius arisanensis* (Maki, 1922) 特有種、一級保育類
台灣山椒魚 *Hynobius formosanus* (Maki, 1922) 特有種、一級保育類
觀霧山椒魚 *Hynobius fuca* (Lai and Lue, 2008) 特有種、一級保育類
南湖山椒魚 *Hynobius glacialis* (Lai and Lue, 2008) 特有種、一級保育類
楚南氏山椒魚 *Hynobius sonani* (Maki, 1922) 特有種、一級保育類

《蟾蜍科》

盤古蟾蜍 *Bufo bankorensis* (Barbour, 1908) 特有種
黑眶蟾蜍 *Bufo melanostictus* (Schneider, 1799)

無尾目

《樹蟾科》

中國樹蟾 *Hyla chinensis* (Günther, 1858)

《狹口蛙科》

花狹口蛙 *Kaloula pulchra* (Gray, 1831) 外來種
巴氏小雨蛙 *Microhyla butleri* (Boulenger, 1900)
黑蒙西氏小雨蛙 *Microhyla heymonsi* (Vogt, 1911)
小雨蛙 *Microhyla fissipes* (Boulenger, 1884)
史丹吉氏小雨蛙 *Micryletta inornata* (Boulenger, 1909)

《赤蛙科》

海蛙 *Fejervarya cancrivora* (Gravenhorst, 1829)
澤蛙 *Fejervarya limnocharis* (Gravenhorst, 1829)
虎皮蛙 *Hoplobatrachus rugulosus* (Wiegmann, 1834)
古氏赤蛙 *Limnonectes kuhlii* (Ye and Fei, 1994)
腹斑蛙 *Rana adenopleura* (Boulenger, 1909)
豎琴蛙 *Rana okinavana* (Boettger, 1895) 保育類
貢德氏赤蛙 *Rana guentheri* (Boulenger, 1882)
拉都希氏赤蛙 *Rana latouchii* (Boulenger, 1899)
台北赤蛙 *Rana taipehensis* (Van Denburgh, 1909) 保育類
美洲牛蛙 *Rana catesbeiana* (Shaw, 1802) 外來種
斯文豪氏赤蛙 *Rana swinhoana* (Boulenger, 1903) 特有種
金線蛙 *Rana plancyi* (Pope, 1929) 保育類
長腳赤蛙 *Rana longicrus* (Stejneger, 1898)
梭德氏赤蛙 *Rana sauteri* (Boulenger, 1909) 特有種

《樹蛙科》

日本樹蛙 *Buergeria japonica* (Hallowell, 1861)
褐樹蛙 *Buergeria robusta* (Boulenger, 1909) 特有種
艾氏樹蛙 *Kurixalus eiffingeri* (Boettger, 1895)
面天樹蛙 *Kurixalus idiootocus* (Kuramoto and Wang, 1987) 特有種
斑腿樹蛙 *Polypedates megacephalus* (Hallowell, 1861) 外來種
白頷樹蛙 *Polypedates braueri* (Vogt, 1911)
諸羅樹蛙 *Rhacophorus arvalis* (Lue, Lai, and Chen, 1995) 特有種 保育類
橙腹樹蛙 *Rhacophorus aurantiventris* (Lue, Lai, and Chen, 1994) 特有種 保育類
莫氏樹蛙 *Rhacophorus moltrechti* (Boulenger, 1908) 特有種
翡翠樹蛙 *Rhacophorus prasinatus* (Mou, Risch, and Lue, 1983) 特有種 保育類
台北樹蛙 *Rhacophorus taipeianus* (Lin and Wang, 1978) 特有種 保育類

阿里山山椒魚
Hynobius arisanensis (Maki, 1922)

◆**分類：**有尾目 Urodela 山椒魚科 Hynobiidae
◆**英文名：**Alishan salamander

【外形特徵】

前四指後五趾，體色以褐色為主，身上隱約看見白色的細小斑點，
成體大約可以長到10公分左右。

【分布地點】

主要是台灣中南部的山區，海拔約2000至3000公尺的區段，
常見的地區為塔塔加、南橫等地。

【觀察檔案】

阿里山山椒魚是台灣最先被發現的山椒魚，分布的範圍很廣，
阿里山國家森林公園也幫牠們做棲地營造，因此在新中橫一帶數量還不算少，
算是比較容易發現的種類。

TIPS
快速辨識密技

前四指後五趾
身上紅褐色
身體有不明顯細小白點
分布在阿里山以南

阿里山山椒魚 *Hynobius arisanensis*

TIPS
快速辨識密技

前四指後四趾
身上有不規則金黃色小斑塊
分布在中部山區

台灣山椒魚　*Hynobius formosanus*

台灣山椒魚
Hynobius formosanus (Maki, 1922)

◆**分類**：有尾目 Urodela 山椒魚科 Hynobiidae

◆**英文名**：Formosan salamander

【外形特徵】

前四指後四趾，體色以深紅褐色為主，身上有明顯的不規則金黃色的斑塊，
成體大約可以長到8、9公分左右。

【分布地點】

主要是台灣中部的山區，海拔約2000公尺以上的區段，常見的地區為翠峰。

【觀察檔案】

台灣山椒魚是我最喜歡的山椒魚種類，因為牠身上的金黃色斑塊實在很漂亮，
穩定的棲地大多集中在中部，翠峰是其中最著名的產地，
不過這裡因為是清境農場取水的源頭，所以不免有些人為的干擾，
甚至為了要固定水管，還有水泥化的現象，讓人痛心。

TIPS
快速辨識密技

前四指後四趾
身體黑並且有明顯細小白點
分布在北部山區

觀霧山椒魚 *Hynobius fuca*

觀霧山椒魚
Hynobius fuca (Lai and Lue, 2008)

◆**分類**：有尾目 Urodela 山椒魚科 Hynobiidae

◆**英文名**：Guanwu salamander

【外形特徵】

前四指後四趾，體色以黑褐色為主，身上有明顯的白色細斑點，
成體大約可以長到8、9公分左右。

【分布地點】

主要是台灣北部的山區，海拔約1500公尺以上的區段，
常見的地區為拉拉山、觀霧等地。

【觀察檔案】

觀霧山椒魚是近幾年才發表的種類，因為外形暗沉，因此又有「暗色小鯢」的別名，
此種分布的位置因為比較偏北，所以棲息的海拔較低，
棲息地離市區的車程又不算遠，是觀察山椒魚入門的好種類，
只是觀察山椒魚時，切記不要破壞了牠們的棲地，
翻開的石頭記得要蓋回去，這樣牠們才能繼續生存下去。

南湖山椒魚
Hynobius glacialis (Lai and Lue, 2008)

◆**分類**：有尾目 Urodela 山椒魚科 Hynobiidae
◆**英文名**：Nanhu salamander

【外形特徵】
前四指後五趾，體色以黃褐色為主，身上有明顯的深色斑塊，成體大約可以長到
10至15公分左右。

【分布地點】
主要是台灣北部的高山地區，海拔約3000公尺以上的區段，常見的山區為南湖大
山圈谷。

【觀察檔案】
南湖山椒魚是近幾年才發表的種類，因為發現的位置是在圈谷地形，
所以又有「冰河小鯢」的別稱，目前是尋找難度最高的山椒魚，
棲息地必須要徒步至少走上一天才能到達，加上高山環境險惡，
建議前往的時候必須找有登高山經驗的人帶領，
以避免發生危險。

TIPS
快速辨識密技
前四指後五趾
黃色身體
身上有明顯的黑色斑塊
體型最大的山椒魚
分布北部高山區

南湖山椒魚 *Hynobius glacialis* （游崇瑋攝）

楚南氏山椒魚
Hynobius sonani (Maki, 1922)

◆**分類：**有尾目 Urodela 山椒魚科 Hynobiidae
◆**英文名：**Sonan's salamander

【外形特徵】
前四指後五趾，第五趾有時候會萎縮不明顯，體色變化大，
紅褐色及粉藕色為主，身上有明顯的深色斑塊，成體大約可以長到10至12公分左右。

【分布地點】
主要是台灣中部的高山地區，海拔約2500公尺以上的區段，
常見的山區為合歡山、大禹嶺等地。

【觀察檔案】
楚南氏山椒魚是我觀察過最多次的山椒魚，因為之前曾在合歡山工作過，
棲地也離工作站不遠，所以常常有機會觀察到，
有時候甚至會爬到工作站附近的潮濕地方，也曾在狗屋底下發現過，
或是從附近高麗菜田的水管流出。在合歡山一帶數量還算穩定，
畢竟那裡是國家公園的範圍，棲地破壞的壓力較小。

TIPS
快速辨識密技
前四指後五趾
第五趾有時候會萎縮
體色由紅褐色
或者粉藕色雜斑組成
分布中部高山區

楚南氏山椒魚 *Hynobius sonani*

TIPS
快速辨識密技

體型約十元硬幣大小
體色綠色
有黑色過眼帶
有吸盤形態像是樹蛙

中國樹蟾 *Hyla chinensis*

中國樹蟾
Hyla chinensis (Günther, 1858)

◆**分類**：無尾目 Aunra 樹蟾科 Hylidae
◆**英文名**：Chinese tree frog

【外形特徵】
小型蛙類，成體約3至5公分之間，皮膚為光滑的翠綠色，
眼睛到吻端之間有一條黑色過眼帶，雄蛙的鳴囊會呈現深色，藉此可以分辨雄雌。

【分布地點】
廣泛分布於全台灣的平原地帶，海拔1000公尺以下的地區都有。

【近似種比較】
台北樹蛙沒有黑色過眼帶。

【觀察檔案】
平地近郊的山區及菜園是牠們喜歡棲息的地方，常在下過雨後的夜裡大聲鳴唱，
叫聲也非常響亮，所以有「雨怪」的稱號，由於數量龐大、外形可愛，
也被當成飼育兩棲爬蟲的入門種類，常在水族館販賣。根據觀察，
北部的樹蟾比較翠綠，而南部的樹蟾則比較草綠色。

TIPS
快速辨識密技

體型中小
有明顯的黑稜線跟鼓膜
沒有背中線
以低海拔分布為主

黑眶蟾蜍 *Bufo melanostictus*

黑眶蟾蜍
Bufo melanostictus (Schneider, 1799)

◆**分類**：無尾目 Aunra　蟾蜍科 Bufonidae
◆**英文名**：Spectacled toad

【外形特徵】
中型蛙類，成體約5至8公分之間，皮膚粗糙，身上疣粒有明顯黑點，
眼睛後方有耳後腺，嘴唇、指甲、眼睛周圍都有黑色的稜線。

【分布地點】
全台灣的近郊廣泛分布，海拔500公尺以下的地區都很容易見到。

【近似種比較】
盤古蟾蜍的體型較大，身上有不明顯的背中線，身體也沒有黑點及黑稜線。

【觀察檔案】
夏天夜裡的水田，最常聽見的聲音就是黑眶蟾蜍的鳴叫聲了，
雨後的夜裡常見到牠們成群出來鳴叫、配對，由於小棲地常常見到牠們大量的出現，
所以經常發生錯抱打架的情況，此種對於環境的適應能力也很好，
社區大樓的積水處、學校的水塘裡，常常是牠們入侵居住的地方。

盤古蟾蜍　*Bufo bankorensis* (Barbour, 1908)

◆**分類**：無尾目 Aunra 蟾蜍科 Bufonidae
◆**英文名**：Formosan toad

【外形特徵】
大型蛙類，成體可達10公分以上，皮膚粗糙，身上疣粒明顯，
眼睛後方有明顯的耳後腺，部分個體身上會有紅斑，也有不明顯的背中線。

【分布地點】
全台灣的近郊廣泛分布，海拔2000公尺以下的地區都很容易見到。

【近似種比較】
黑眶蟾蜍的體型較小，身上也有明顯的黑色稜線。

【觀察檔案】
盤古蟾蜍算是常見而且平易近人的蛙種，
由於不會鳴叫，所以繁殖季的時候也常見牠們聚集在水邊配對產卵，
一般在山區的夜裡會爬行至路面上覓食，
所以常常成為輪下亡魂。

TIPS
快速辨識密技
體型中大沒有黑稜線
部分個體有不明顯的背中線
以山區分布為主

盤古蟾蜍 *Bufo bankorensis*

花狹口蛙
Kaloula pulchra (Gray, 1831)

◆**分類**：無尾目 Aunra　狹口蛙科 Microhyidae　◆**英文名**：Asiatic painted frog

【外形特徵】
中型蛙類，成體約6至9公分之間，皮膚為深褐色，
背部兩側有橘黃色的縱帶，體型肥短。

【分布地點】
分布於台灣南部的南高屏平原地區，有逐漸朝北擴散的趨勢。

【觀察檔案】
意外引進台灣的外來種，對環境的適應能力不錯，
所以在台灣定居下來，其實外形還蠻討喜的，很適合當寵物蛙。
雖然四肢肥短，不過善於爬樹及利用後腿挖洞，
平常多半躲在樹上或者挖掘的洞裡。

TIPS
快速辨識密技
大型狹口蛙
體型約五公分
背部有一深色的三角形斑
兩側則有橘色帶

花狹口蛙 *Kaloula pulchra*

TIPS
找碴辨識密技

體型約五元硬幣大小
皮膚呈深色且粗糙
有明顯的疣粒
分布在南部的近山帶

巴氏小雨蛙 *Microhyla butleri*

巴氏小雨蛙
Microhyla butleri (Boulenger, 1900)

◆**分類**：無尾目 Aunra　狹口蛙科 Microhyidae
◆**英文名**：Butler's narrow-mouthed toad

【外形特徵】
小型蛙類，成體約2公分，皮膚為深褐色，背部有明顯的疣粒，體型呈三角形。

【分布地點】
分布於台灣南部的近郊山區，呈現點狀分布。

【近似種比較】
小雨蛙及黑蒙西氏小雨蛙的皮膚比較光滑，體色也比較淺。

【觀察檔案】
數量比較少的小雨蛙種類，只在南部近郊的一些山區可以見到，
常在雨後大聲的鳴叫，平常則躲在很隱密的落葉堆裡，
體色也有很好的保護色，所以不聽聲音實在很難發現。

TIPS
快速辨識密技

體型約五元硬幣大小
體色紅褐色
兩側有不明顯的深色縱帶
背中線中央會有一兩個
黑色括弧狀花紋

黑蒙西氏小雨蛙 *Microhyla heymonsi*

黑蒙西氏小雨蛙
Microhyla heymonsi (Vogt, 1911)

◆**分類**：無尾目 Aunra　狹口蛙科 Microhyidae
◆**英文名**：Heymons' narrow-mouthed toad

【外形特徵】
小型蛙類，成體約2公分，皮膚接近紅褐色，背部有明顯的背中線，
背部中央常會有一個小型的括弧黑斑，體態扁平呈三角形。

【分布地點】
分布於台灣中南部及東部的近郊山區，屬於常見的蛙類。

【近似種比較】
巴氏小雨蛙的皮膚深褐色且有明顯疣粒。小雨蛙的背部中央沒有括弧黑斑。

【觀察檔案】
數量頗多且容易觀察，喜歡在繁殖水域附近的落葉堆或者石縫裡鳴叫，
叫聲相當宏亮，但很敏感，常常一靠近就躲了起來，叫聲跟小雨蛙非常的類似，
兩者的棲地又會重疊，所以不易從聲音辨別。

小雨蛙
Microhyla fissipes (Boulenger, 1884)

◆**分類**：無尾目 Aunra　狹口蛙科 Microhyidae
◆**英文名**：Ornate narrow-mouthed toad

【外形特徵】
小型蛙類，成體約2公分，皮膚接近咖啡色，背部有明顯的深色塔狀花紋，
部分個體的背部中央會有不明顯的背中線，體態扁平呈三角形。

【分布地點】
廣泛分布於全台灣，屬於常見的蛙類。

【近似種比較】
巴氏小雨蛙的皮膚深褐色且有明顯疣粒。黑蒙西氏小雨蛙的背部中央有括弧黑斑。

【觀察檔案】
數量頗多且分布廣泛，叫聲低沉響亮，像是扭發條的聲音，由於體型小又敏感，
所以不易觀察到牠們的蹤跡，但很容易聽到牠們的聲音，
透明的蝌蚪也很容易觀察到，在北部的數量較多，
常常會有爆量的狀況出現。

TIPS
快速辨識密技

體型約五元硬幣大小
背部有個對稱的三角形斑塊
背中線上沒有
黑色的括弧狀花紋

小雨蛙 *Microhyla fissipes*

史丹吉氏小雨蛙
Micryletta inornata (Boulenger, 1909)

◆**分類**：無尾目 Aunra　狹口蛙科 Microhyidae
◆**英文名**：Stejneger's narrow-mouthed toad

【外形特徵】
小型蛙類，成體約2至3公分之間，皮膚接近灰色，
背部有明顯的黑斑，體態扁平呈三角形。

【分布地點】
零星分布於台灣中南部及東南部的近郊地區。

【觀察檔案】
猛爆型繁殖的代表性種類，平常幾乎不易觀察到牠的存在，
可是下過雨後的水域，牠們會密集的同時出現，把握短暫的時間抱接下蛋，
因此平常要不就是看不到，一看就可以看到一大堆，
是習性很有趣的小雨蛙。

TIPS
快速辨識密技

體型約五元硬幣大小
身體整體以灰色為主
四肢比例比較修長

史丹吉氏小雨蛙 *Micryletta inornata*

海蛙 *Fejervarya cancrivora*

海 蛙
Fejervarya cancrivora (Gravenhorst, 1829)

TIPS 快速辨識密技
體型約七公分左右
背部膚褶排列較整齊
眼睛虹膜完整沒有缺刻
後趾為全蹼
腹部有一些黑斑

◆**分類**：無尾目 Aunra 赤蛙科 Ranidae ◆**英文名**：Crab-eating frog

【外形特徵】
大型蛙類，成體約6至10公分之間，皮膚接近紅褐色，背部有排列整齊的膚褶，
眼睛後方還有一條不連續的長膚褶，部分個體有背中線，
有時候背中線還會呈現綠色，後趾間為全蹼。

【分布地點】
零星分布於台灣屏東的沿海地區鄉鎮。

【近似種比較】
澤蛙的體型較小，背部膚褶無整齊排列長短不一，後趾為半蹼，腹部白色無斑。虎皮
蛙的皮膚較粗糙，背上的黑斑也很明顯。

【觀察檔案】
近幾年才被發現的新種類，耐鹽性及環境適應度相當高，
可以在半鹹水或者極髒的水溝生活，體型雖大但生性害羞，常常一靠近就跳進水裡，
平常觀察必須要很小心。分類上目前有學者將牠放在叉舌蛙科(Dicroglossidae)內，
不過暫時還是先把牠放在赤蛙科裡，比較容易分辨。

Tips
快速辨識密技
體型約四公分左右
背部有長短不一的膚褶
眼睛虹膜下方有個小缺刻
後趾為半蹼
腹部乳白色無黑斑

澤蛙 *Fejervarya limnocharis*

澤　蛙
Fejervarya limnocharis (Gravenhorst, 1829)

◆**分類**：無尾目 Aunra　赤蛙科 Ranidae
◆**英文名**：Indian rice frog

【外形特徵】
中型蛙類，成體約4至6公分之間，皮膚接近咖啡色，部分個體會有紅褐或者綠色斑，背部膚褶無整齊排列長短不一，部分個體有背中線，後趾間為半蹼。

【分布地點】
廣泛分布於全台灣的平地及近郊山區，是極為常見的蛙種。

【近似種比較】
海蛙的體型較大，背部膚褶整齊排列，後趾為全蹼，腹部有黑斑。
虎皮蛙的體型較大，皮膚較粗糙，腹部的黑斑也很明顯。

【觀察檔案】
由於對環境的適應力很好，所以廣泛分布於全台灣，
常在雨後的暫時性水域鳴叫，叫聲也相當響亮。分類上目前有學者將牠放在叉舌蛙科，
不過暫時還是先把牠放在赤蛙科裡，比較容易分辨。

TIPS
快速辨識密技

體型約十公分左右
皮膚粗糙呈現深綠色
背部有長短不一膚褶
腹部有明顯的黑斑

虎皮蛙 *Hoplobatrachus rugulosus*

虎皮蛙 *Hoplobatrachus rugulosus* (Wiegmann, 1834)

◆**分類**：無尾目 Aunra　赤蛙科 Ranidae　　◆**英文名**：Chinese bullfrog

【外形特徵】
大型蛙類，成體約8至12公分之間，皮膚很粗糙，接近深綠色，
有些個體的皮膚會呈現淺褐色，背部膚褶整齊排列長短不一，黑斑也非常明顯。

【分布地點】
廣泛分布於全台灣的平地及近郊山區，但數量不多。

【近似種比較】
海蛙的背部膚褶整齊排列，部分個體有背中線，皮膚也較光滑。
澤蛙的體型較小，背部膚褶無整齊排列長短不一，腹部白色無斑。

【觀察檔案】
虎皮蛙即俗稱的「田雞」，是早期農業社會的營養來源，常被捕捉來吃，
目前雖然有人工繁殖的個體，沒有捕獵的壓力，
但棲地的破壞使得牠們的數量也越來越少。北部現在很難聽到牠的聲音，
加上生性害羞，不易觀察，常常一溜煙就跳進水裡。
分類上目前有學者將牠放在叉舌蛙科，不過暫時先把牠放在赤蛙科裡，較容易分辨。

古氏赤蛙
Limnonectes kuhlii (Ye and Fei, 1994)

◆**分類**：無尾目 Aunra　赤蛙科 Ranidae
◆**英文名**：Kuhlis Frog

【外形特徵】
中型蛙類，成體約5至7公分之間，皮膚黃褐色或者紅褐色，顱部膨大，
所以看起來頭部比例特大，瞳孔呈菱形顏色帶點紅為特色之一。

【分布地點】
廣泛分布於全台灣的近郊山區。

【觀察檔案】
古氏赤蛙是俗稱的「大頭蛙」，常見於山澗旁的靜水域或者是乾淨的水溝裡，
生性害羞，遇到驚嚇會鑽入水中的泥沙，此種蛙最特別的地方是雄蛙比雌蛙大。
分類上目前有學者將牠放在叉舌蛙科，不過暫時先把牠放在赤蛙科裡，
比較容易分辨。

TIPS
快速辨識密技

體型約五公分左右
瞳孔為紅色菱形狀
頭部比例看起來特別大

古氏赤蛙 *Limnonectes kuhlii*

腹斑蛙 *Rana adenopleura*

腹斑蛙
Rana adenopleura (Boulenger, 1909)

TIPS
快速辨識密技

體型約六公分左右
部分個體有不明顯的背中線
兩側有細長的背側褶
腹部通常有一點黑斑

◆**分類**：無尾目 Aunra 赤蛙科 Ranidae　　◆**英文名**：Olive frog

【外形特徵】
中型蛙類，成體約5至7公分之間，皮膚黃褐色，有明顯的背側褶，
大部分的個體都有一條黃色的背中線，體側通常會有一些黑斑。

【分布地點】
廣泛分布於全台灣的近郊山區。

【近似種比較】
豎琴蛙的體型較小，腹側幾乎沒有黑斑。拉都希氏赤蛙的背側褶腫大，
無背中線。貢德氏赤蛙的體型較大，鼓膜的白圈明顯，吻端較尖，無背中線。

【觀察檔案】
常見於靜水域，會躲在水草之間鳴叫，叫聲宏亮明顯，白天晚上都會鳴叫，
是屬於不太怕人的蛙種，所以很容易觀察到牠的鳴囊，雄蛙的領域行為明顯，
會驅趕靠近的雄蛙，因此常見牠們各據一邊，各自大聲鳴叫。

豎琴蛙 *Rana okinavana*

豎琴蛙
Rana okinavana (Boettger, 1895)

◆**分類**：無尾目 Aunra 赤蛙科 Ranidae ◆**英文名**：Yaeyama harpist frog

【外形特徵】

中型蛙類，體型肥短，成體約4至5公分之間，皮膚黃褐色，有明顯的背側褶，背部有一條黃色的背中線，體側幾乎沒有黑斑，雄蛙有明顯的黃色肩腺。

【分布地點】

目前僅在台灣南投縣的蓮華池有發現紀錄。

【近似種比較】

腹斑蛙的體型較大，體側黑斑較多。

【觀察檔案】

豎琴蛙是目前全台灣數量最少的蛙類，棲地分布範圍也相當小，
生殖的習性十分特別，會在水邊築泥巢並下蛋，蝌蚪直接在裡面孵化，
等到滿水位時水流進去就會順勢游出來，生性隱密，多半躲在水草裡面鳴叫，
除非涉水否則不容易觀察。

貢德氏赤蛙
Rana guentheri (Boulenger, 1882)

◆**分類**：無尾目 Aunra 赤蛙科 Ranidae　　◆**英文名**：Günther's frog

【外形特徵】
大型蛙類，成體約7至12公分之間，皮膚棕褐色，有明顯的背側褶，
鼓膜明顯而且周圍有一圈白圈，吻端很尖，雄蛙前肢基部有明顯的深色臂腺。

【分布地點】
廣泛分布於全台灣的平原地區。

【近似種比較】
腹斑蛙的體型較小，體側黑斑多，有背中線，吻端較鈍。

【觀察檔案】
體型雖然很大，但生性隱密害羞，常常躲在水邊的植物裡鳴叫，
夜晚有時候會到地面上，但極為機警，受到驚嚇之後會從肛門口噴水並馬上快速跳走，
叫聲有點像狗吠，所以又有「狗蛙」之稱。早年因為體型大，
有遭捕食的壓力，因此曾經被列為保育類動物。

TIPS
快速辨識密技
體型約八公分左右
吻端很尖
鼓膜周遭有明顯的白圈
兩側有細長的背側褶

貢德氏赤蛙 *Rana guentheri*

金線蛙
Rana plancyi (Pope, 1929)

◆**分類**：無尾目 Aunra　赤蛙科 Ranidae　◆**英文名**：Green pond frog

【外形特徵】

大型蛙類，成體約6至8公分之間，背部的體色為褐色或者綠褐色，
有明顯的綠色背中線，也有明顯的背側褶。

【分布地點】

廣泛分布於全台灣1000公尺以下的地區，但數量不多。

【近似種比較】

台北赤蛙的體態纖細，沒有背中線。

【觀察檔案】

雖然遍布全台灣，可是數量已經非常稀少，棲地破壞是其減少的主因，
平常喜歡在水田或者蓄水池活動，生性非常機警隱密，
一有風吹草動就會跳入水裡藏匿，叫聲非常細小不易聽到，
早期也是食用的蛙類之一。

TIPS

體型約七公分左右
有綠色的背中線
背側褶兩側
也有綠色的斑紋

金線蛙 *Rana plancyi*

TIPS
快速辨識密技

體型約三公分左右
吻端很尖
背部為深綠色或草綠色
背側褶為白色線條

台北赤蛙 *Rana taipehensis*

台北赤蛙
Rana taipehensis (Van Denburgh, 1909)

◆ **分類**：無尾目 Aunra 赤蛙科 Ranidae　　◆ **英文名**：Taipei frog

【外形特徵】
小型蛙類，成體約3至4公分之間，背部為綠色，少部分個體會呈現土黃色，
有一條白色明顯的背側褶，體側為深咖啡色。

【分布地點】
零星分布於台灣北部及西部的平原地區，例如台北三芝石門、台南官田等地。

【近似種比較】
金線蛙的幼蛙有綠色背中線，體態肥胖。

【觀察檔案】
體態纖細，善於跳躍，平常都棲息在水域邊的水草鳴叫，
有時候也會發現牠們在水生植物的上方鳴叫，叫聲小而不明顯，
台北石門阿里磅生態農場是觀察的絕佳地點，此棲地的數量非常龐大，很容易觀察。

TIPS
快速辨識密技

體型約十五公分左右
有明顯的鼓膜及顯褶
身上深綠色
帶有黑色的斑點

美洲牛蛙 *Rana catesbeiana*

美洲牛蛙
Rana catesbeiana (Shaw, 1802)

◆**分類**：無尾目 Aunra　赤蛙科 Ranidae　◆**英文名**：American bullfrog

【外形特徵】
大型蛙類，成體約12至20公分之間，背部為綠色底色，並有深色的雲狀花紋，腹面則是白色帶有淡黑斑，鼓膜大而明顯。

【分布地點】
全台灣公園的水池都有可能出現，均為棄養的個體。

【近似種比較】
虎皮蛙體態扁平，背部膚褶明顯。

【觀察檔案】
牛蛙之所以叫牛蛙，就是因為叫聲如牛，體型大但膽子小，緊張時也會像蟾蜍一樣鼓起身體。平常食量很大，所以幾乎什麼都吃，獵食的速度也非常快，現今在台灣的野外其實並不常見，只是常被買來放生。

斯文豪氏赤蛙
Rana swinhoana (Boulenger, 1903)

◆**分類**：無尾目 Aunra　赤蛙科 Ranidae　◆**英文名**：Swinhoe's tip-nosed frog

【外形特徵】

大型蛙類，成體約6至8公分之間，皮膚深褐色底，但大部分的個體背部都為綠色，
也有綠色褐色的混合，趾端有吸盤是重要的特徵。

【分布地點】

廣泛分布於全台灣2000公尺以下的溪流、山澗。

【近似種比較】

貢德氏赤蛙沒有吸盤，鼓膜的白圈明顯。

【觀察檔案】

長年在溪流周邊或者森林的山澗附近活動，生性隱密，多半躲起來鳴叫，
由於叫聲十分類似鳥鳴，又有「鳥蛙」的別稱。具有發達的吸盤，
可以適應溪流的環境，體態修長，跳躍能力也非常好，常常快速跳躍逃跑。

TIPS
快速辨識密技

體型約七公分左右
背部為綠色或者咖啡色
趾端有吸盤

斯文豪氏赤蛙 *Rana swinhoana*

拉都希氏赤蛙
Rana latouchii (Boulenger, 1899)

◆**分類**：無尾目 Aunra　赤蛙科 Ranidae　◆**英文名**：Latouche's frog

【外形特徵】
中型蛙類，成體約4至6公分之間，皮膚粗糙，
呈咖啡色或者紅褐色，有明顯膨大的背側褶，體側偏白並有一些黑斑。

【分布地點】
廣泛分布於全台灣海拔1500公尺以下的地區。

【近似種比較】
腹斑蛙有背中線，背側褶也不膨大，身體較光滑。

【觀察檔案】
皮膚角質化的程度算高，對環境的適應能力又很好，
所以常見於山區的步道或者住宅邊的水溝，叫聲小目低沉，
個性敏感，一有風吹草動即停止鳴叫，雄蛙沒有領域性，
所以常常看見牠們靠在一起鳴叫。

TIPS
快速辨識密技

體型約四公分左右
有明顯腫大的背側褶
皮膚也很粗糙

拉都希氏赤蛙 *Rana latouchii*

TIPS
快速辨識密技

體型約五公分左右
鼓膜周遭有黑色的菱形斑
有細長的背側褶
吻端較尖

長腳赤蛙 *Rana longicrus*

長腳赤蛙
Rana longicrus (Stejneger, 1898)

◆**分類**：無尾目 Aunra 赤蛙科 Ranidae　　◆**英文名**：Long-legged brown frog

【外形特徵】
中型蛙類，成體約4至6公分之間，體色為紅褐色或者黃褐色，有細長的背側褶，
鼓膜周圍有深色的菱形斑，後肢相當修長。

【分布地點】
分布於台灣中北部500公尺以下的地區，非繁殖季的數量不多。

【近似種比較】
梭德氏赤蛙有吸盤，吻端也較鈍。

【觀察檔案】
平常難得一見，偶爾會在水域附近的草叢邊發現牠們，
繁殖季時則會在水域附近大量出現，聚在一起產卵，產卵地點的選擇很特別，
會選在淺水域並產下一團的卵團，叫聲小不易聽見。

TIPS
快速辨識密技

體型約五公分左右
鼓膜周遭有黑色的菱形斑
有細長的背側褶
吻端較鈍
趾端有特化吸盤

梭德氏赤蛙 *Rana sauteri*

梭德氏赤蛙
Rana sauteri (Boulenger, 1909)

◆**分類**：無尾目 Aunra　赤蛙科 Ranidae　　◆**英文名**：Sauter's brown frog

【外形特徵】
中型蛙類，成體約4至6公分之間，體色多變，為紅褐色、土黃色或者灰白色，
有細長的背側褶，鼓膜周圍有深色的菱形斑，趾端有吸盤。

【分布地點】
廣泛分布於全台灣的近郊山區，棲地的海拔高度可達3000公尺以上。

【近似種比較】
長腳赤蛙無吸盤，吻端也較尖。

【觀察檔案】
平常都在森林的邊緣活動，冬天繁殖季時會大量在溪邊聚集產卵，叫聲小不易聽見，
因為競爭激烈，雄蛙通常都會主動去尋找雌蛙。棲息的海拔高度相當高，
3000公尺以上也可以發現牠的蹤跡，算是對溫度容忍度高的種類。

日本樹蛙 *Buergeria japonica* (Hallowell, 1861)

◆**分類**：無尾目 Aunra　樹蛙科 Rhacophoridae　　◆**英文名**：Ryukyu Bürger's frog

【外形特徵】
小型蛙類，成體約2至3公分之間，體色以黃褐色為主，灰褐色為輔，
背部中央有一個明顯＞＜狀的小膚褶是主要特徵。

【分布地點】
廣泛分布於全台灣的近郊山區，中海拔山區也有分布。

【近似種比較】
面天樹蛙的背部有個＞＜狀的深色花紋，體色咖啡色，體態也較修長。
艾氏樹蛙的體型較大，四肢周圍有白顆粒。

【觀察檔案】
凡是水域的環境都容易發現，如水溝、溪澗等地方，常成群聚集鳴叫，叫聲響亮如蟲鳴。
蝌蚪對於溫度的忍受度很高，所以野溪溫泉周遭也常見牠們活動，
體型小但跳躍能力佳，在溪邊活動的也有很好的保護色。

體型約十元硬幣大小
背部中央有一對
短棒狀的膚褶突起
腹部白色

日本樹蛙 *Buergeria japonica*

面天樹蛙
Kurixalus idiootocus (Kuramoto and Wang, 1987)

◆**分類**：無尾目 Aunra　樹蛙科 Rhacophoridae
◆**英文名**：Mientien tree frog

【外形特徵】
中型蛙類，成體約2至4公分之間，體色以咖啡色為主，
背部有明顯的＞＜深色花紋，皮膚粗糙，身上有許多細小彙粒。

【分布地點】
廣泛分布於台灣的西半部及宜蘭地區1000公尺以下的山區。

【近似種比較】
艾氏樹蛙內掌突明顯，腹面白色無斑。
日本樹蛙的體態扁平，背部顏色一致，無深色花紋。

【觀察檔案】
面天樹蛙外形不僅跟艾氏樹蛙很像，連聲音都有一些類似，不過鳴叫的頻率不同，
平常喜歡在森林的底層活動，會在水域附近的低矮樹叢鳴叫，產卵習性特殊，
會選擇在落葉堆及石縫附近產卵。

TIPS
快速辨識密技
體型約三公分左右
背部有一對＞＜狀
的深色花紋
體色以咖啡色為主

面天樹蛙 *Kurixalus idiootocus*

艾氏樹蛙 *Kurixalus eiffingeri*

TIPS
速辨識技

體型約三公分左右
四肢外側有明顯的白色疣粒
體色以綠色
或者咖啡色為主

艾氏樹蛙
Kurixalus eiffingeri (Boettger, 1895)

◆**分類**：無尾目 Aunra 樹蛙科 Rhacophoridae　　◆**英文名**：Eiffinger's tree frog

【外形特徵】
中型蛙類，成體約3至4公分之間，體色多變，褐色到綠色都有，
皮膚及四肢有很多細小的白色顆粒，前肢有明顯的內掌突。

【分布地點】
廣泛分布於全台灣2000公尺以下的山區。

【近似種比較】
面天樹蛙沒有發達的內掌突，腹部有許多黑色小斑點。
日本樹蛙的體態扁平，皮膚也較光滑。

【觀察檔案】
樹棲性蛙類，常在竹林或者樹上鳴叫，經常躲得十分隱密而不易發現，
會利用積水的竹筒、樹洞來繁殖，有護幼的習性。
目前在台灣蛙類的分類上可能還有疑問，因為部分族群的個體叫聲跟外形都有些許差異，
未來或許會分類出其他的種類。

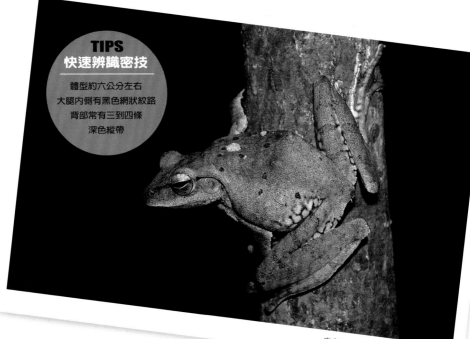

TIPS
快速辨識密技

體型約六公分左右
大腿內側有黑色網狀紋路
背部常有三到四條
深色縱帶

白頜樹蛙 *Polypedates braueri*

白頜樹蛙
Polypedates braueri (Vogt, 1911)

◆**分類**：無尾目 Aunra　樹蛙科 Rhacophoridae
◆**英文名**：White-lipped tree frog

【外形特徵】
大型蛙類，成體約5至7公分之間，體色深褐色，背上常有川字的花紋，
大腿內側有白斑塊，看起來就像深色的網紋，為其主要的特徵。

【分布地點】
廣泛分布於全台灣海拔1000公尺以下的山區。

【近似種比較】
斑腿樹蛙大腿內側的白斑點較小。

【觀察檔案】
平常多半在樹上棲息，鮮少下到地面活動，繁殖季時會在水域附近的植物上鳴叫，
也常見到多隻雄蛙與單隻雌蛙配對，產下來的卵泡體積很大，顏色呈現黃褐色，
但常常遭螞蟻啃食或是蒼蠅也會來寄生。

斑腿樹蛙
Polypedates megacephalus (Hallowell, 1861)

◆**分類**：無尾目 Aunra 樹蛙科 Rhacophoridae
◆**英文名**：Spot-legged tree frog

【外形特徵】
大型蛙類，成體約5至8公分之間，體色深褐色，
背上常有川字、X字、又字型的花紋，大腿內側有細小的白斑點為主要特徵。

【分布地點】
目前零碎分布在台灣的彰化縣、台中、桃園縣、台北等幾個地方，棲地逐漸擴散中。

【近似種比較】
白頷樹蛙大腿內側的白斑塊較大，看起來就像有深色的網紋。

【觀察檔案】
台灣最新的外來種蛙類，對於棲地的適應能力很好，再加上隨著水草四處散播，
目前已經在台灣中北部的許多地方都有分布，數量也快速增加中，
雖然一直在做移除的動作，但仍然趕不上其擴張的速度。

TIPS
快速辨識密技
體型約六公分左右
大腿內側有細小的白色斑點
背部常有X狀的花紋
或者「又」狀的花紋

斑腿樹蛙 *Polypedates megacephalus*

褐樹蛙
Buergeria robusta (Boulenger, 1909)

◆**分類：**無尾目 Aunra　樹蛙科 Rhacophoridae
◆**英文名：**Robust Bürger's frog

【外形特徵】
大型蛙類，成體約5至8公分之間，體色以黃褐色為主，繁殖季時雄蛙會變成鮮黃色，兩眼及吻端間有一個三角形斑塊，虹膜有一個T字型花紋為主要特徵。

【分布地點】
廣泛分布於全台灣1000公尺以下的山區。

【觀察檔案】
平常棲息在樹上或者石縫裡，晚上的時候會在森林及公路的邊緣活動，繁殖季時則會聚集在溪流邊配對產卵，體型雖大但叫聲小聲，雖然是樹蛙，但跳躍能力很好，遇到危險時喜歡以腹部平貼地面趴著躲避攻擊。

TIPS
快速辨識密技
體型約七公分左右
虹膜有明顯的T型圖案
吸盤非常明顯

褐樹蛙 *Buergeria robusta*

TIPS
快速辨識密技
體型約六公分左右
背部綠色
有金色的過眼線
腹部白色兩側常有黑斑

翡翠樹蛙 *Rhacophorus prasinatus*

翡翠樹蛙
Rhacophorus prasinatus (Mou, Risch, and Lue, 1983)

◆**分類**：無尾目 Aunra 樹蛙科 Rhacophoridae
◆**英文名**：Emerald green tree frog

【外形特徵】
大型蛙類，成體約5至8公分之間，體色翠綠色，腹部為白色，體側有不明顯的白線，
腹部常有黑色斑紋，虹膜金色，有過眼金線。

【分布地點】
主要分布在台灣的台北、宜蘭、桃園交界一帶的山區及丘陵地。

【近似種比較】
莫氏樹蛙的虹膜橘色，體側無白線。諸羅樹蛙的體側無黑斑，體型較短，
有明顯的白嘴唇。台北樹蛙的腹部黃色。橙腹樹蛙的腹部橘色。

【觀察檔案】
最初是在翡翠水庫周圍一帶山區發現，其實整個北宜桃交界處的山區皆有分布，
數量不算多但相當穩定，常見於水域旁邊的植物上面鳴叫，
有時候下大雨時也會見到牠們多隻雄蛙搶著跟一隻雌蛙交配產卵。

TIPS
快速辨識密技

體型約五公分左右
背部草綠色
身體兩側有細小白線
腹部白色沒有斑點

白頷樹蛙 *Polypedates braueri*

諸羅樹蛙
Rhacophorus arvalis (Lue, Lai, and Chen, 1995)

◆**分類**：無尾目 Aunra 樹蛙科 Rhacophoridae
◆**英文名**：Farmland green tree frog

【外形特徵】
大型蛙類，成體約4至7公分之間，體色草綠色，
背部與腹部交界處有一條白線延伸到吻端。

【分布地點】
僅分布於台灣的雲林、嘉義、台南的平原地區，棲地分布零碎。

【近似種比較】
翡翠樹蛙有過眼金線，體側常有黑斑。橙腹樹蛙的背部墨綠色，腹部橘色。台北樹蛙的腹部黃色，體側也沒有明顯的白線。莫氏樹蛙的背部墨綠色，虹膜橘色，大腿內側有紅色塊，體側常有黑斑。

【觀察檔案】
平常都在竹林或是果園活動，習性類似中國樹蟾，常在大雨過後的夜晚大聲鳴叫，
聲音非常清脆響亮，棲地範圍內的數量頗多，但是因為棲地零碎且過度開發，
依然面臨嚴重的生存危機。

橙腹樹蛙
Rhacophorus aurantiventris (Lue, Lai, and Chen, 1994)

◆**分類**：無尾目 Aunra 樹蛙科 Rhacophoridae
◆**英文名**：Orange-bellied green tree frog

【外形特徵】
大型蛙類，成體約5至8公分之間，體色墨綠色，腹部為明顯的橘色，
背部與腹部交界處有一條白線延伸至吻端，但下頜末端有個缺口。

【分布地點】
零星分布於全台灣1500公尺以下的原始林山區，棲地破碎。

【近似種比較】
翡翠樹蛙有過眼金線，體側常有黑斑，腹面白色。諸羅樹蛙的背部草綠色，
腹面白色。台北樹蛙的腹部黃色，體側也沒有明顯的白線。
莫氏樹蛙的虹膜橘色，大腿內側有紅色塊，體側常有黑斑。

【觀察檔案】
生性隱密，叫聲又小，平常也喜歡在高處的樹枝鳴叫，加上數量稀少，
所以不易發現。會挑選森林底層的樹洞來產卵，對於棲地的要求非常嚴苛，
目前台東一帶的林道有穩定的數量。

TIPS
快速辨識密技

體型約六公分左右
背部深綠色
身體兩側有細小白線
腹部橘色沒有斑點

橙腹樹蛙 *Rhacophorus aurantiventris*

莫氏樹蛙
Rhacophorus moltrechti (Boulenger, 1908)

◆**分類**：無尾目 Aunra 樹蛙科 Rhacophoridae
◆**英文名**：Moltrecht's green tree frog

【外形特徵】
中型蛙類，成體約4至5公分之間，體色墨綠色，
腹部為白色至黃色之間，體側常有黑色斑紋，虹膜橘色。

【分布地點】
廣布於全台灣海拔2500公尺以下的山區。

【近似種比較】
翡翠樹蛙有過眼金線，虹膜金色。諸羅樹蛙的背部草綠色，體側無黑斑。
台北樹蛙的腹部黃色，沒有黑斑。橙腹樹蛙的腹部橘色，體側有白線。

【觀察檔案】
莫氏樹蛙是全台灣分布最廣且數量也最多的綠色樹蛙，
平常都躲在植物根部底下或是石縫裡鳴叫，有時候也會在水域附近開闊明顯的地方鳴叫，
原本列入保育類動物名單，但數量太多已遭除名。

TIPS
快速辨識密技
體型約四公分左右
背部深綠色，橘色的虹膜
大腿內側呈現紅色
並有黑色斑塊
腹部白色偶有黑斑

莫氏樹蛙 *Rhacophorus moltrechti*

台北樹蛙 *Rhacophorus taipeianus*

台北樹蛙
Rhacophorus taipeianus (Lin and Wang, 1978)

◆**分類**：無尾目 Aunra 樹蛙科 Rhacophoridae
◆**英文名**：Taipei green tree frog

【外形特徵】

中型蛙類，成體約3至5公分之間，體色綠色，繁殖季時雄蛙體色會變成深咖啡色，腹部及趾端為黃色，有些個體也有明顯的黃色虹膜。

【分布地點】

分布於台灣南投以北的近郊山區，但以台北周遭的分布為主。

【近似種比較】

莫氏樹蛙的虹膜橘色，體側有黑斑。諸羅樹蛙的體側有明顯的白線，腹部白色。翡翠樹蛙的腹部白色，體側常有黑斑，有金色過眼線。橙腹樹蛙的腹部橘色。

【觀察檔案】

平常棲息在樹上，非繁殖季並不常見，繁殖季時雄蛙會在水域附近的土壤挖土巢，並躲在裡面鳴叫，等到雌蛙過來就將卵泡產在裡面，部分雄蛙有明顯的衛星行為，會趁其他雄蛙成功配對時也爬進去土巢裡跟著配對。

【作者後記】

　　小時候家住新北市五股區的觀音山，當時家門口的河川污染不算太嚴重，所以暑假的中午幾乎都泡在溪裡，當時溪邊很容易看到一種背部呈綠色、體態修長的青蛙，有一次遇到一隻正在揹小孩的，大家很興奮地捉住牠們，結果小的跳走了，大的被我們捉了起來，幾個小朋友搶來搶去，青蛙居然從肛門口排出一些卵，我們又用力捏了一下，又排出一些卵，我只記得當時大家都很開心，玩了一會兒就讓青蛙跳走了。長大以後才知道，原來牠們是一對配對成功的青蛙，正準備要找地方產卵，卻被我們捉了起來，而雌蛙的體內都是未授精的卵，將來可能會變成一隻隻的小蝌蚪，書寫這篇後記時，回想起這件童年往事，不免有一絲愧疚感，如果當時對青蛙更多一些瞭解就好了。

　　大學時期參加了荒野保護協會的解說員訓練，當時有一次的訓練課程在烏來，晚上在內洞森林遊樂區進行夜間觀察，這是我第一次正式的觀察青蛙，老實說聽完講解並沒有太多的感動。直到有一次師大野保社的學長帶我們去烏來的一個水溝邊，翻翻找找看到了我生平第一隻台北樹蛙，接著又聽到翡翠樹蛙的鳴叫，然後見到牠出現在枝頭上，當我第一次將牠握在手中時，冰冰涼涼的體溫竟讓我的心裡開始感受到些許溫度，之後我在書店買了第一本的賞蛙圖鑑，但過沒多久我就退燒了，賞蛙變成只是平常夜間觀察的一碟小菜，主角永遠都是我當時最愛的甲蟲。

　　直到隔年的六月天，我在坪林一條杳無人煙的產業道路上，一邊騎車一邊盯著地上看有沒有甲蟲在爬行，我忽然注意到一隻綠色的小蛙跳過去，我馬上停車觀察，接著左邊、右邊，一隻一隻小蛙陸陸續續跳了出來，通通都往低處前進，約莫有二三十隻吧，我小心翼翼地牽著機車走過去，深怕壓到牠們，這是我為青蛙做的第一件事，也是青蛙給我的第二次感動，從此小菜開始慢慢變成了主角，觀察甲蟲、蝴蝶之餘，我開始關心青蛙的生態，越瞭解越深，真的越覺得牠們可愛。

　　往後的幾年間，隨著自己攝影與觀察功力的增進，拍到了許多美麗的照片，透過荒野保護協會這個管道，做過無數次以青蛙為主題的講座，與大家分享的同時，自己也不斷進步，終於在2010年透過好友黃一峰的介紹，天下文化與大樹文化同意給予我這個難得的出版機會，讓我能在兩棲類上盡情發揮。其實一開始是有點卻步難行的，畢竟兩棲類的種類不多，能寫的東西也很有限，而且坊間的參考書籍其實也很多了，我究竟能夠突破什麼？我想我不一定要成為最優秀的，但我想在自然推廣上盡一份心力，兩棲類的書籍如果能夠更普及，能多感動一個人總是好的，「全民愛蛙」雖然是一個遠大的夢想，但一步一步走總有實現的一天。

以前我總覺得要完成一本書並不困難，但真正嘗試時才發現，這是需要時間累積與專注的心力才有辦法完成，除了專業知識之外，更需要一股熱忱，當然最重要的是周遭親朋好友鼎力協助，沒有他們，我是無法辦到的。特別感謝楊懿如老師這幾年致力於兩棲類知識的推廣，我從中受益良多，再來就是書寫這本書的期間，陪伴我拍攝、提供我意見或者情報的各方好友們：黃微媄、黃一峰、陳惇聿、盧藝文、吳政龍、劉志文夫婦、陳明弘、黃仕傑、李潛龍夫婦、陳柏州夫婦、游崇瑋、蔡瑋毅、汪仁傑、荒野保護協會的夥伴們、延平高中生研社、景美女中生研社，以及一些我可能不知道名字但卻曾經一起同路過的夥伴們，感謝您們讓我在這條路上感到溫馨而且絲毫不孤單。

施信鋒

賞蛙圖鑑　楊懿如・中華民國自然與生態攝影學會

台灣兩棲動物 野外調查手冊　楊懿如等編著・行政院農業委員會林務局

台灣32種蛙類圖鑑　陳王時・社團法人台北市野鳥學會

【參考網站】

楊懿如的青蛙學堂 http://www.froghome.idv.tw/

小蝌蚪的家 http://n.froghome.info/

台灣賞蛙情報網 http://www.froghome.info/

自然攝影中心 http://nc.kl.edu.tw/bbs/index.php

青蛙小站討論區 http://photo.froghome.tw/phpbb/index.php

蛙蛙世界學習網 http://learning.froghome.org/

兩棲 特攻隊

THE SECRET LIFE OF AMPHIBIAN

◎出版者／天下遠見出版股份有限公司

◎創辦人／高希均、王力行

◎遠見・天下文化・事業群 董事長／高希均

◎事業群發行人／CEO／王力行

◎版權部經理／張紫蘭

◎法律顧問／理律法律事務所陳長文律師

◎著作權顧問／魏啟翔律師

◎社址／台北市104松江路93巷1號2樓

◎讀者服務專線／（02）2662-0012　傳真／（02）2662-0007；2662-0009

◎電子信箱／cwpc@cwgv.com.tw

◎直接郵撥帳號／1326703-6號　天下遠見出版股份有限公司

◎作　　者／施信鋒

◎攝　　影／施信鋒

◎編輯製作／大樹文化事業股份有限公司

◎網　　址／http://www.bigtrees.com.tw

◎總 編 輯／張蕙芬

◎美術設計／黃一峰

◎製 版 廠／佑發彩色印刷有限公司

◎印 刷 廠／立龍彩色印刷股份有限公司

◎裝 訂 廠／源太裝訂股份有限公司

◎登 記 證／局版台業字第2517號

◎總 經 銷／大和書報圖書股份有限公司　◎電話／（02）8990-2588

◎出版日期／2011年7月8日　第一版第1次印行

◎ISBN: 978-986-216-775-5

◎書號：BT4009　◎定價／450 元

國家圖書館出版品預行編目資料

兩棲特攻隊／施信鋒著. -- 第一版. -- 臺北市：
天下遠見, 2011.06　面；　公分. -- (大樹自然
放大鏡；9)

ISBN 978-986-216-775-5(精裝)

1.兩生類

388.6　　　100012313

BOOKZONE 天下文化書坊　http://www.bookzone.com.tw

※ 本書如有缺頁、破損、裝訂錯誤，請寄回本公司調換。

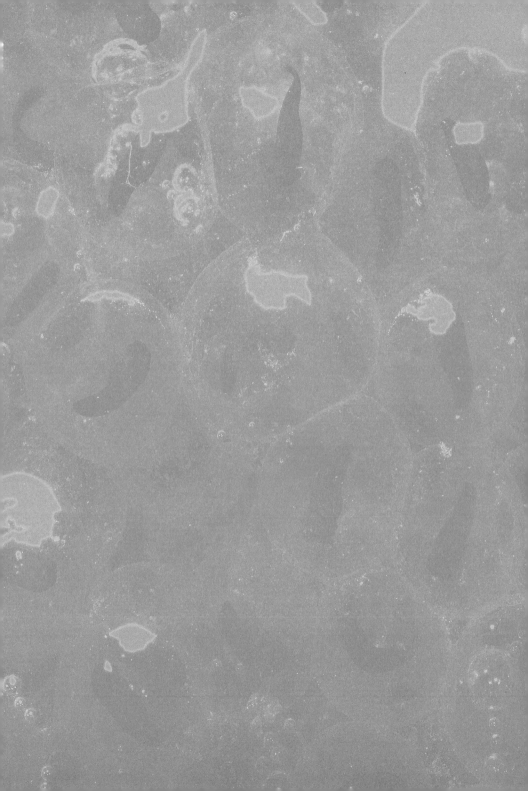

The Secret Life of Amphibian